PETER ZUMTHOR THERME VALS

PETER ZUMTHOR THERME VALS

Texte

Sigrid Hauser

Peter Zumthor

Bilder

Hélène Binet

Scheidegger & Spiess

Hélène Binet .... Sigrid Hauser .... Peter Zumthor ....

Bildteil I 6
.... **Vals und die** ....
.... **Geschichte des Bades** 15

.... Alphabet 15
.... Artemis/Diana 17
.... Asklepios 21
.... Erste Bilder 22
.... Augengneis 28
.... Aussenbad 30
.... Baukörper 31
.... Bewegungsfugen 32
.... Blütenbad 34
.... Eingang 35
.... Blockstudien 36
.... Schnittentwicklung: Steintische und Kavernen 42
Bildteil II 48
.... Entwurf 56
.... Feuerbad 61
.... Grundrissentwicklung: Geometrien 62
.... Fugen 66
.... Grasdach 72
.... Heilbad 73
.... Hypokausten 74
.... Innenbad 75
.... Kaltbad 77
.... Grundrissentwicklung: Der Mäander 78
.... Badekultur 86
.... Klangbad 92
.... Klangstein 94
.... Konstruktion 95
.... Konstruktion 98
Bildteil III 114
.... Laconicum 122
.... Mikwe 126
.... Quelle 129
.... Reinigung 133
.... Baustoffe 136
.... Ressourcen 144
.... Schwarzpulver 145
.... Schwitzstein 148
.... Spa 149
.... Staudamm 150
.... Taufe 152
.... Therme 153
.... Trinkstein 155
Bildteil IV 156
.... Valser 166
.... Verbundmauerwerk 168
.... Vitruv 171
.... Vorgeschichte 172
.... Wallfahrt 173
.... Wasseraufbereitung 174
.... Wasserkultstätte 176
.... Zugang 177
.... Realität 178
Bildteil V 182
.... Anhang 190

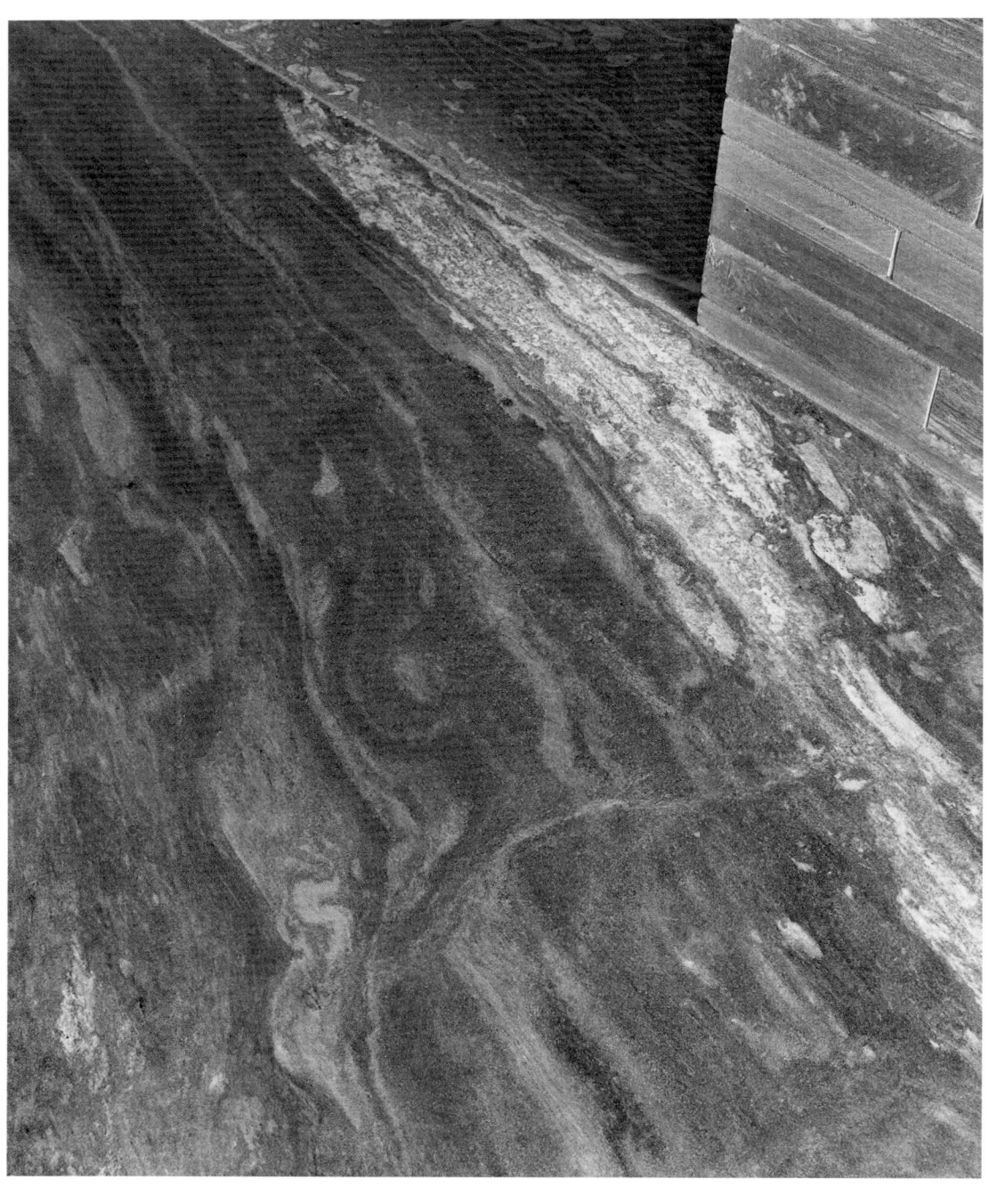

VALS UND DIE GESCHICHTE DES BADES

Sigrid Hauser

Am Anfang stellt sich schon gleich die Frage nach dem Ende, das ist die Frage nach der Darstellung und wie sie den verschiedenen Ebenen von Konzept und Realität gerecht werden wird. Jede Ebene soll ihren eigenen Bereich beleuchten: die Entwicklung des Entwurfs, die Architektur des Gebäudes, die Biographie der Materialien, die Geschichte des Ortes und die Kulturgeschichte des Badens. Die Wege der Annäherung sind Umwege, die Methode versucht diese Umwege nachzuzeichnen und sichtbar zu machen. Es ist eine Methode des Auseinandernehmens und wieder Zusammensetzens, die Komplexität der Thematik wird nach Inhalten zerteilt und nach einer neuen Ordnung wieder gefügt. Die Brüder Jacob und Wilhelm Grimm haben in ihrem ins Endlose angelegten Werk *Deutsches Wörterbuch* die alphabetische Ordnung eine *heilsame ordnung* genannt, möglicherweise weil das System der Präsentation demokratisch erscheint, da allen Begriffen gleichwertige Anerkennung zuteil wird und die Aneinanderreihung nach keinen hierarchischen Präferenzen erfolgt. In der Auswahl allerdings ist Interpretation inbegriffen und die Konstruktion ist in jedem Fall artifiziell. Die Anordnung der Buchstaben in den europäischen Sprachen geht auf das älteste semitische **ALPHABET** zurück, die Erfindung auf das Volk der Phönizier, das vor mehr als 4000 Jahren jahrhundertelang im gesamten Mittelmeerraum die führende Rolle als Seefahrer- und Handelsvolk gespielt hat. Endlich war es möglich, mit nur zwei Dutzend Zeichen sämtliche Gedanken und Erinnerungen zu notieren. Im 11. Jahrhundert v. Chr. sei dieses Zeichensystem von den Griechen übernommen worden, die Bezeichnung der Buchstaben ist die gleiche geblieben: *aleph* beziehungsweise *Alpha* bedeutet Stier, *beth* beziehungsweise *Beta* bedeutet Haus. Die hebräischen Anfangsbuchstaben *Alef* und *Bet* gehen auf denselben Ursprung zurück. Die weitere Reihenfolge variiert in den verschiedenen Sprachen, so haben die Römer ihre Buchstaben von den Griechen übernommen und zum Teil mit ihren Lauten ersetzt oder ergänzt, das einmal entfernte *Zeta* mußte nach der Eroberung Griechenlands wieder hinzugefügt werden, da es nun verstärkt galt, griechische Fremdwörter in lateinischer Schrift wiederzugeben, es geriet also an das Ende des lateinischen Alphabets und wurde zum Z, das *in der verbindung von a bis z –* so die Brüder Grimm – *die vollständigkeit bezeichnet.* In der hebräischen Schrift ist der letzte Buchstabe das *Taw,* nach zehn Tagen der Buße ist es das ersehnte Ende am Versöhnungstag, wenn das *Sündenbekenntnis* gesprochen wird, für jeden Buchstaben des hebräischen Alphabets wird ein Vergehen genannt, zweiundzwanzig Buchstaben, zweiundzwanzig Vergehen, in den *Erzählungen der Chassidim* von Martin Buber erklärt ein Rabbi zu dieser Vorschrift, daß man dann endlich wüßte, *wann man aufhören soll,* denn *das Sündenbewußtsein hat kein Ende, aber das Alphabet hat ein Ende.*

Jacob und Wilhelm Grimm, Deutsches Wörterbuch (1854), München 1999. Hans Joachim Störig, Abenteuer Sprache – Ein Streifzug durch die Sprachen der Erde, München 2002. Martin Buber, Die Erzählungen der Chassidim, Zürich 1990.

Ovid schreibt in seinen *Metamorphosen* über Aktäon und die Göttin im Bade, aber im Gegensatz zu seinen griechischen Kollegen, die vor und nach ihm darüber berichten, wie Hesiod, Kallimachos, Apollodoros oder Pausanias, unterstellt er seinem Helden keine eindeutigen Absichten, vielmehr läßt er den Unseligen zufällig und blind in sein Unglück rennen. *Fortunae crimen* oder: *So wollte es sein Verhängnis*. Der Mensch wird zum unschuldigen Opfer der mißgünstigen Gottheit. In der Sekundärliteratur wird vom *Aktäonschicksal* gesprochen, wird mangels anderer Interpretationen auch die *Erbsünde* zitiert. Aktäon ist Jäger, durchstreift nach erfolgreicher Jagd eines Abends *ungewissen Schritts den unbekannten Wald* und gerät in jenen Hain *im entlegensten Dickicht*, den Ovid einige Zeilen vorher detailreich schildert. Dort rieselt eine Quelle, dort pflegt mit ihren Nymphen die *Göttin der Wälder, von der Jagd ermüdet, ihre jungfräulichen Glieder mit schimmernden Tropfen zu netzen*. Diana ist die Göttin der Jagd und des Bogenschießens, Beschützerin von Tieren, Kindern und schwachen Menschen, von Wäldern und Quellen. Oft wird sie auch Mondgöttin genannt beziehungsweise mit dem Mond assoziiert, und der Mond ist die Quelle allen Wassers. Nach dem ursprünglich griechischen Mythos heißt sie Artemis, die Bedeutung dieses Namens ist zweifelhaft, kann *Reinheit* bedeuten, aber auch *starkgliedrig* meinen oder *die, die zerschneidet*, oder *die hohe Zusammenruferin*, nach der jeweiligen Ableitung der Silben. Sie ist die Zwillingsschwester von Apollon, sie hat bewußt ewige Jungfräulichkeit als Lebensform gewählt und verteidigt diese auch entschlossen, was sie von ihren Begleiterinnen, den Nymphen, genauso verlangt. Vermutlich verkörpert sie eine ältere Gottheit: Jungfrau, Mutter, Amazone, mit zahlreichen Brüsten, nahrungs- und fruchtbarkeitsspendend. Ovid legt die überlieferte Geschichte nach seinem Ermessen aus, seine Anteilnahme gilt dem Menschen/Mann Aktäon, der von der Göttin/Frau **ARTEMIS/DIANA** unschuldig bestraft wird, weil er sie beim Baden überrascht, ein ritueller religiöser Akt, in den mythologischen Zeiten nur Nymphen und Gottheiten vorbehalten. Damit er von seinem Erlebnis zumindest nicht mehr berichten kann, macht der göttliche Zorn den Jäger zum wortunfähigen Hirsch, den seine eigenen Hunde hetzen und schließlich zerreißen. Mag sein, daß diese Verwandlung auf vorhellenische Kulte verweist, auf den Hirschgott, der mit anderen Tiergottheiten nach der keltischen Mythologie stellvertretend steht für die allmähliche Transformation von Tier zu Mensch, in der gallischen Religion lebt dieser weiter als Cernunnos, der Gehörnte, er ist Abgesandter des Gottes der Anderen Welt, seine Erscheinung eine Offenbarung des göttlichen Geistes. In den ältesten Überlieferungen der Nibelungensage wird ein goldener Hirsch wegen der Rivalität zweier

Frauen mit einem Pfeilschuß erlegt. Das kultische Tötungsspiel eines Hirschmenschen hat zahlreiche Parallelen in verschiedenen Kulturen Europas, möglicherweise lebt in der Hirschjagd noch immer dieses Bild einer Gottheit, die es zu haben gilt.

Die christliche Religion hat die überlieferten kultischen Symbole der Naturgottheiten geheiligt oder verdammt, ihre Orte vereinnahmt. So ist die Gründungslegende des Fraumünsters in Zürich vermutlich aus dem helvetischen Artemiskult hervorgegangen. Da führt ein Gesandter Gottes in Gestalt *eines schönen Hirsches mit brennenden Lichtern auf seinem Geweih* zwei fromme Schwestern, Töchter des Frankenkönigs Ludwig, allmorgendlich von ihrer Burg durch den dunklen Wald hinunter bis zum Ufer der Limmat, verharrt dort so lange, bis die beiden in einer Kapelle ihre Gebete verrichtet haben und weist ihnen dann den Weg wieder zurück. An ebendieser Stelle, wo der übernatürliche Leithirsch täglich wartet, erbitten die Töchter vom Vater den Bau eines Gotteshauses und Klosters. Die jeweilige Äbtissin des Stiftes ist von der Zeit der Gründung 853 bis zur Übergabe des Klosters an die weltlichen Herren von Zürich 1524 Stadtregentin und Inhaberin von Markt-, Münz- und Zollrecht, der Hirsch mit dem leuchtenden Geweih ist das Wahrzeichen des Fraumünsters und strahlendes Motiv in dem noch erhaltenen romanisch-gotischen Kreuzgang, den Paul Bodmer 1928 bis 1938 mit der Gründungslegende ausmalt. Ein anderer Frankenkönig und römischer Kaiser entdeckt im Jahr 769 Aquae Granni, ein verfallenes römisches Thermalbad, benannt nach dem keltischen Quellgott Grannus, schon in vorrömischer Zeit Heilbad und Kultstätte: Karl der Große sei auf der Jagd einem Hirschen in die Verirrung bis zu einem dampfenden Sumpf gefolgt, der Hirsch hat also zu einer heißen Quelle geführt, die Stätte wird wieder errichtet und zu Ehren der Gottesmutter wird die Liebfrauenkirche gebaut. Noch heute sprudeln dort – im heutigen Aachen – an die dreißig schwefel- und kochsalzhaltige, 70 Grad heiße Thermalquellen.

Der weidwunde Wunderhirsch führt den Fürsten dorthin, so und ähnlich erzählen die Gründungslegenden vieler Quellen und Bäder. Ursprüngliche Diana-Kultstätten werden der Jungfrau Maria geweiht, so berichtet die Geschichte. In diesem Sinne ist in der Eustachiuslegende ein Hirsch nicht nur Botschafter Gottes, sondern er repräsentiert einen dem Göttlichen zugeordneten Wert. Auch dem heiligen Hubertus wird dieses Attribut zugeschrieben: Als Bischof von Lüttich fördert er vor allem die Mission in den unwegsamen Wäldern der Ardennen, deren Bewohner pflegen die Erstlinge jeder Jagdbeute der Göttin Diana zu opfern, Hubertus verbietet diesen heidnischen

Brauch, die Erstlinge werden in der Folge ihm geweiht, nach seinem Tod wird er als Jagdpatron verehrt, spätere Legenden machen ihn zum leidenschaftlichen Jäger.

Führen und Verfolgen: Mit den Verfolgungsjagden der Götter haben jedenfalls die Menschen ihre Eroberungszüge argumentiert: Alpheios, ein Flußgott, verliebt sich in Arethusa, eine Nymphe, die in seinem Fluß badet. In Gestalt eines Jägers verfolgt er sie, die übers Meer bis Sizilien flieht und auf einer kleinen Halbinsel an der Ostküste Zuflucht sucht, vergeblich. Endlich steht ihr Artemis bei und verwandelt sie in eine Quelle, die an der Stelle entspringt, wo die Nymphe zuerst das Land betreten hat. Die Gründungssage von Syrakus interpretiert den Mythos in ihrem Sinn, denn nur Dank dieser Quelle hat die Stadt entstehen können. Die Geschichte rekonstruiert ihre eigenen Zusammenhänge: Im 8. Jahrhundert v. Chr. legen griechische Siedler aus Korinth an dieser Stelle an, sie besiegen und vertreiben die Urbevölkerung, lassen sich nieder und nennen die Halbinsel Ortygia, im Gedenken an den Geburtsort von Artemis bei Delos. Den Ort nennen sie Syrakus, nach einem nahegelegenen Sumpf, von der Urbevölkerung *syrakka* bezeichnet. Die Arethusaquelle ist heute ein Treffpunkt der Jugendlichen und touristisches Pflichtprogramm. Andere Religionen drehen die Vorzeichen und überlieferten Bilder um und machen die Frau zur unschuldig Schuldigen: Susanna – hebräisch für *Lilie* – ist die Hauptfigur eines apokryphen Anhangs zum alttestamentlichen Buch Daniel. Die beiden legendären Alten, die ihr beim Bad auflauern, die sie unter Drohungen zu verführen versuchen, letztlich verraten und verleumden, sind zwei Älteste, die das Volk als Richter bestellt hat, und das Volk glaubt deshalb denen und verurteilt Susanna zum Tod. Aber noch bevor das Urteil vollstreckt werden kann, wird die Lüge der Alten entlarvt: Ein junger Mann namens Daniel – das heißt *Gott richtet* – vermag in Gottes Namen das Volk von der Wahrheit zu überzeugen und die Unglückliche zu retten, und ihr Vater, ihr Mann und die ganze Verwandtschaft loben Gott, nicht weil sie vor der Hinrichtung bewahrt, sondern weil nichts Unehrenhaftes an ihr gefunden worden ist. Im zweiten Buch Samuel heißt die Auserwählte Batseba, *Tochter der Fülle*, sie wird bei ihrem vorgeschriebenen monatlichen Reinigungsbad von König David beobachtet, er läßt sie sogleich holen und sie fügt sich, er schickt ihren Mann mit einer aussichtslosen Mission ins Feld und in den Tod, und dann wird sie seine Frau.

Wie immer sie heißen mögen, die Frauen im Bade, sie sind in der Kunst mehrfach dargestellt, nicht aber ihre Geschichte, das Thema heißt Frauenakt mit Natur, zuweilen ist es auch ein Abbild der Seele. Tizian, Veronese und Tiepolo zeigen die Nackten um Diana in verschiedenen Positionen, Tintorettos Susanna ist ein Schaustück der Verführung, von Memling bis Rembrandt wird Batseba Subjekt der selbstgefälligen künstlerischen Betrachtung: Das Bild hat an solchen Episoden die Möglichkeit, diverse Männerphantasien zu befriedigen. Heinrich von Kleist stellt diese Phantasien nicht dar, er spricht sie aus: In seiner Idylle *Der Schrecken im Bade* sind die Protagonistinnen die badende Margarete und die zuschauende Johanna, Fritz, Margaretes Verlobter, ist *fern im Gebirge*, denn er *lauert dem Hirsch auf, der uns jüngst den Mais zerwühlte*. Der Schrecken entsteht, weil Johanna ihre Stimme absichtlich verstellt und Margarete deshalb meint, daß Fritz ihr nachspioniere, im Hintergrund dieser Mißverständnisse stehen also die gesellschaftlichen Erziehungsordnungen, die Wünsche und Verführung bis zum heutigen Tag lenken und inszenieren. In Pierre Klossowskis *Das Bad der Diana* werden die Rollen vertauscht, besser gesagt verdoppelt: *Aktaion maskiert sein Gesicht mit einem Hirschkopf*, er geht zur Quelle und wartet in der Grotte auf Dianas Erscheinen. *Währenddessen betrachtet die unsichtbare Diana Aktaion, der dabei ist, sich die nackte Göttin vorzustellen.* Die im Buch eingefügten Zeichnungen nehmen Klossowskis Kommentar vorweg, nämlich den nach seinen Worten *anmaßenden und pietätlosen Willen, sich den Mythos durch die Vermittlung der Sprache anzueignen*: Da wird die Sprache selbst zum Trugbild. *Dianabad ist Erlebnisbad.* Die Werbung hat sich schon immer der Sprache der Kunst bedient und bedient heute die Freizeitindustrie im Sinne des Konsums mit den entsprechenden austauschbaren Bildern von nackten weiblichen Körpern im Wasser. Folgen und Verführen: Wer sich göttlich wähnt, will/sollte nicht gestört werden, aber schon ist es passiert – da röhrt ein Hirsch, und sein Glück tönt verzweifelt.

Publius Ovidius Naso (Gerhard Fink, Übers.), Metamorphosen, Düsseldorf – Zürich 2004. Robert von Ranke-Graves, Griechische Mythologie, Reinbek bei Hamburg 1994. Lancelot Lengyel, Das geheime Wissen der Kelten, Freiburg im Breisgau 1994. Kurt Werner Glaettli, Zürcher Sagen, Zürich 1970. Leander Petzoldt (Hg.), Historische Sagen, Baltmannsweiler 2001. Nino Muccioli, Leggende e racconti popolari della Sicilia, Roma 1988. Martin Luther (Übers.), Die Bibel, Stuttgart 1999. Heinrich von Kleist, Sämtliche Werke, München 1994. Pierre Klossowski, Das Bad der Diana, Berlin 1982.

In den mittelalterlichen Badestuben war der *Bader* zugleich *Bartscherer* und *Wundarzt*. In den römischen Thermen befanden sich Arztpraxen und Operationsräume integriert. Das Heilbad im alten Griechenland war Heilort und Kultstätte, der Arzt als Balneologe und Balneotherapeut also zugleich auch Priester. Griechische Philosophen und Mediziner erkannten und propagierten ab dem 5. Jahrhundert den therapeutischen Wert von Quellwasser, vor allem Hippokrates, der um 460 v. Chr. auf der Insel Kos geborene Begründer der wissenschaftlichen Heilkunde. Im Gedenken an ihn wurde nach seinem Tod außerhalb der Stadt Kos ein *asklepieion* errichtet, ein Heiligtum zu Ehren des **ASKLEPIOS**, es lag in einem heiligen Hain an einer heiligen Quelle und wurde nach und nach zu einer weitläufigen Heilanstalt mit Terrassen, Säulenhallen, Krankenzellen und Behandlungsräumen ausgebaut. Damit wurde ein Kult eingeleitet, der sich anläßlich einer Pestepidemie 293 v. Chr. auch in Rom verbreitete. Dort wurde der griechische Gott als *Aesculapius* verehrt, im spätrömischen Reich waren ihm angeblich *über 300 Kultstätten mit Heilquellen* geweiht, diese nannten die Römer *aquae*. Er war der Gott der Heilkunst und Sohn des Apollon und der Koronis. Über seine Geburt sind verschiedene Mythen überliefert, seine medizinischen Kenntnisse habe ihm jedenfalls der Kentaure Chiron beigebracht. Die Heilung in einem Asklepieion erfolgte durch rituelle Waschungen an der Quelle, durch Trinken des Wassers und durch Schlaf, die sogenannte *incubatio*, in einem abgeschlossenen Raum, dem *abaton*: *Erscheinungen während der Inkubation wurden von den Priestern gedeutet und in therapeutische Maßnahmen umgesetzt*. Die Kultstätten wurden in der weiteren Entwicklung zu Massenwallfahrtsorten in unserem heutigen Sinn.

Das Attribut des Asklepios ist die Schlange, ihre periodische Häutung steht für Wiedergeburt, ewige Jugend und Unsterblichkeit, diesen Kult haben die Griechen vermutlich von früheren Kulturen im Vorderen Orient übernommen. Die Römer hielten deshalb in ihren Heilbädern Äskulapnattern, diese in Südeuropa heimischen, harmlosen Schlangen wurden auch in die nördlichen besetzten Gebiete gebracht, wo sie zum Teil noch heute anzutreffen sind.

Robert von Ranke-Graves, Griechische Mythologie, Reinbek bei Hamburg 1994. Marga Weber, Antike Badekultur, München 1996. Hans Egli, Das Schlangensymbol – Geschichte, Märchen, Mythos, Solothurn – Düsseldorf 1994.

ERSTE BILDER Der Anfang war leicht. Eigentlich war es ein Neu-anfang. Nachdem wir 1986 einen Projektwettbewerb für die Erwei-terung des Hotels mit integriertem Thermalbad und einer Therapie-abteilung gewonnen hatten, mussten wir in den späten achtziger Jahren den Wettbewerbsentwurf vollständig überarbeiten. Dabei entstand ein Grossprojekt, den Valsern bekannt geworden als das sogenannte 44-Millionen-Projekt, das sich in der Folge nicht finan-zieren liess. Den überarbeiteten Entwurf nicht bauen zu müssen, war für uns Architekten eine Erleichterung. Das Projekt war über-laden mit organisatorischen und betrieblichen Anforderungen. Die damalige Projektleitung hatte uns viel abverlangt. Zu viel. Schon als wir die letzten Pläne damals ins Reine zeichneten, war uns klar, dass man die hinter dem Bauprogramm stehenden Visionen für die Therme Vals nochmals überdenken müsste, um zu einem guten Projekt zu gelangen. Dies geschah. Im Jahre 1990 erteilte uns die Gemeinde Vals, vertreten durch ihre Hotel und Thermalbad AG, den Auftrag, aus dem das heutige Bad hervorging: Im Hang vor dem Hotel, nur noch locker mit diesem verbunden, sollte ein freistehen-des Thermalbad mit Therapieabteilung, ein sogenannter «Solitär» entstehen. Im Gegensatz zum grossen Projekt der Jahre zuvor, das

von fremden Investoren abhängig gewesen wäre, war der geplante Neubau nun kleiner, als eigenständiges Thermalbad definiert und ein reines Projekt der Gemeinde, die damit ihre touristische Infrastruk-tur um ein gewichtiges Stück erweitern wollte. Der geplante Neubau sollte das alte Thermalbad des Hotels aus den späten sechziger Jahren ersetzen und dem Hotel und dem Dorf neue Gäste bringen.

Die Leichtigkeit des Anfangs. In der Zeit zurückgehen, baden wie vor tausend Jahren, ein Gebäude, eine bauliche Struktur schaffen, eingelassen in den Hang, die in ihrer architektonischen Haltung und Ausstrahlung älter ist als alles bereits Gebaute um sie herum, ein Gebäude erfinden, das irgendwie schon immer hätte da sein können, ein Gebäude, das mit der Topographie und Geologie des Ortes arbei-tet, das auf die gepressten, aufgeworfenen, gefalteten und manch-mal in tausend Platten zerbrochenen Steinmassen des Valser Tales reagiert – dies waren unsere Entwurfsabsichten. Aber war da nicht noch etwas vorher – Ideen, Bilder, fragmentiert und weniger zusam-menhängend als diese heute aus der Erinnerung geschriebene Zusammenfassung der Entwurfsabsichten von damals?

Das Valsertal vor 80 Millionen Jahren.

Schlangenähnliche Meeressaurier beherrschen das Meer. Und von Insel zu Insel machen Pteurosaurier mit ihren sieben Meter langen Knüttlügeln die ersten erfolgreichen Flugversuche.

Als der Berliner Astronom und
Meteorologe Alfred Wegener
am 6. Januar 1912 vor der Geolo-
gischen Vereinigung in Frankfurt am Main seinen Vortrag
über die «Verschiebung der

Kontinente» hielt, war die Fach-
welt empört oder erheitert.
Erst in den siebziger Jahren fand
die Theorie Wegeners weltweite wissen-
schaftliche Bestätigung und Anerkennung. Auch die Dramaturgie der

Alpenentstehung war damit
endlich klar. Aber wer kann sich
das wirklich vorstellen?
Vor 100 Millionen Jahren rückte
damals Europa vor, mit
Italien als Rammbock. Und

dort, wo heute die Berge
des Valstales erheben, wurde
damals der Meeresboden zusammen-
und hochgedrückt. Inseln ragten
aus dem Meer, Inseln mit
üppigem Leben. Inseln, die in

Jahrmillionen wieder vergingen.
Inselgestein aber, das heute als
Bündnerschiefer des Piz Aul
mitwirkt bei der Mineralisierung
des Valserwassers im Valsertal.
Fortsetzung folgt morgen in dieser Zeitung.

Tink gut, ds Valserwasser.

Was waren die ersten Ideen und wie kamen die Ideen zu ihrer Form?
Gab es überhaupt abstrakte erste Ideen, die noch keine Form hatten,
wie ich mir das im Falle der Erfindung des Valser Bades gerne vor-
stelle, oder war da schon immer auch gleich ein Bild zu jeder Idee?

Erinnerungen. Wir haben den Ort beobachtet. Uns interessierten
die Steinplatten auf den Dächern, deren Struktur uns an Reflexe auf
dem Wasser erinnerte, wir gingen durchs Dorf und sahen plötzlich
überall Stein, Mauern, Mäuerchen, lose aufgeschichtete Platten,
gespaltene Ware; wir sahen grössere und kleinere Steinbrüche,
aufgeschnittene Hänge und Felsköpfe. An unser Bad denkend, an
die heisse Quelle, die hinter unserem Bauplatz aus dem Berg dringt,
interessierte uns der Valser Gneis immer mehr, und wir begannen
ihn genauer anzuschauen – gespalten, gefräst, geschliffen, poliert,
wir entdeckten die weissen «Augen» des Augengneises, den Glimmer,
die mineralischen Strukturen, die Schichtungen, das unendliche
Changieren der Grautöne.

Und wir begannen, Vals gleich zu sehen wie die Werber, die damals in den Zeitungen eine grosse Kampagne für das Valser Mineral-wasser mit einer doppelseitigen Fotografie stehen hatten, die eine urtümliche Wasserlandschaft mit schroff aufragenden Bergen zeigte, über der geschrieben stand: «Das Valsertal vor 80 Millionen Jahren». Der abgebildete Zeitungsausschnitt hing für lange Zeit im Atelier.

Auf der Suche nach einer architektonischen Formensprache für unser «unterirdisches» Bad gab es auch naheliegende Vorbilder: die vielen Steinschlag- und Lawinenschutzgalerien auf der Strasse von Ilanz nach Vals und die Staumauer des Zervreilasees weiter hinten im Tal; starke Architekturen allesamt; Ingenieurbauwerke, die sich im Berg und gegen die Kraft des Berges zu behaupten haben und darum auch von dieser Kraft sprechen. Und die Innenräume dieser Bauwerke wirken immer wesentlich. Manchmal ähneln sie Kathedralen wie das Bild vom Innern der Albigna-Staumauer zeigt.

Erzogen im Geiste der klassischen Moderne und umlagert von eben in Mode gekommenen postmodernen Entwürfen, waren wir vorsichtig mit Vorbildern. Aber es gab ein Farbfoto vom Rudas-Bad aus der Türkenzeit in Budapest, das ich mir aus einem Buch kopierte und an die Wand heftete. Das Licht, das durch die Öffnungen im Sternenhimmel der Kuppel strahlenförmig einfällt, erhellt einen Raum wie gemacht zum Baden: Wasser in steinernen Becken, aufsteigender Wasserdampf, helle Lichtstrahlen im Halbdunkel, eine ruhige, entspannte Atmosphäre, Räume, die sich im Halbschatten verlieren, man glaubt, Wassergeräusche verschiedenster Art, den Hall der Räume zu hören. Und da war etwas Ruhiges, Ursprüngliches, Meditatives zu spüren, das uns begeisterte. Orientalische Badekultur. Wir begannen zu lernen.

«Felsblöcke stehen im Wasser», dies war, glaube ich mich zu erinnern, mein Kommentar zu der unten abgebildeten ersten Skizze zum Thema des Bades, das uns dann nicht mehr losliess: Stein und Wasser. Ich brachte sie zu einer Entwurfsbesprechung. «Wie in einem Steinbruch», muss dann irgendwann jemand von uns gesagt haben. In der Folge zeichneten wir viele Steinbruchbilder.

Feuer- und Wetterschutz sind die besonderen Vorteile, die das Valser Steindach aus-zeichnen. In den 1950er Jahren gründete Albin Truffer die Steinbruchfirma in Vals, für seine Dächer *gab er eine Garantie von hundert Jahren*. Sie gelten nach wie vor als *unzerstörbar, frostsicher und absolut wasserdicht*. Ursprünglich durfte in Vals *jeder an jeder Abbruchstelle von Hand Steine spalten* für sein Haus. Im Sinne der Arbeitsteilung entstanden eigene Berufe wie *Plattenmacher* und *Steindachdecker*. *Sämtliche Gebäude außer der Kirche, alle Häuser, Ställe, Alphütten sind mit Gneis-oder Glimmerschieferplatten eingedeckt*, schrieb Johann Josef Jörger 1913, und er fügte hinzu: *Diese Steindächer sind ziemlich flach gehalten und so solid gebaut, daß man auf ihnen herumlaufen kann wie auf einer gepflasterten Straße*. Das *gespaltene* Produkt für die traditionelle Bauweise trägt die Bezeichnung *gebrochen* oder *bruch-roh*. Die nachfolgende Generation der Truffer AG hat 1986 *erstmals eine Steinfräse angeschafft*, sagt Pius Truffer, das Fräsen von Valser Steinen zu Platten hat vorher als *unvorstellbar* gegolten, ebenso das, was im weiteren mit diesen Platten hergestellt worden ist. Gefräst wird mit *Diamantkreissägen in die Schichtungen hinein*, dadurch erscheinen verschiedene Faserungen und marmorähnliche Strukturen. Die Platten liegen in mehreren Stärken zur weiteren Verarbeitung vor der Werkshalle gestapelt, besonders ausgewählte Platten stehen in der Therme an den Wänden des *Trinksteins* zur Schau. Die Gesteinskunde zählt den Valser Stein zu den *Gneisen*, das sind *Meta-morphite*, also Gesteine, die *durch Veränderung der Temperatur und des Druckes* entstanden sind, die Geologen nennen das *Orthogneis*, aufgrund seiner besonderen Struktur auch **AUGENGNEIS**. Das Hauptgemenge besteht aus Feldspat, Quarz und Glimmer. Sein ursprüngliches Alter schätzt der Geologe Peter Eckardt auf *rund 300 Millionen Jahre*, die *vor etwa 50 Millionen Jahren einsetzende alpine Gebirgs-bildung* habe ihn dann *umgestaltet* beziehungsweise *metamorphosiert: Durch den Schub nach Norden und das Übereinanderstapeln von Gesteinspaketen entstanden Temperaturen bis zu 500 Grad und Drücke bis zu 15 Kilobar*. Die *Augen – Einzel-mineral-Sprossungen, um die sich das Grundgewebe herumlegt –* wurden dabei *defor-miert, in die Länge gezogen und ausgewalzt*, angeblich läßt sich an ihnen *vielfach auch noch der seinerzeitige Bewegungssinn erkennen*.

Als Baumaterial zeichnet sich der Valser Gneis – er wird auch Valser Quarzit genannt – durch hohe *Biegezug-* beziehungsweise *Bruchfestigkeit, Frostbeständigkeit* sowie *Abriebfestigkeit durch mechanische Abnützung* aus, insofern ist er vielseitig ver-wendbar. Die Mauersteine werden nach der Bearbeitung bezeichnet – *gefräst, gebro-*

chen, *gespalten* –, die Oberflächen von Platten sind *grobgeschliffen, gestockt, sand-gestrahlt, fein geschliffen, poliert*. Heute wird dieser Stein weltweit exportiert, mit dem Bau der Therme Vals ist er berühmt geworden: *60.000 einzelne Steinplatten* sind dafür verarbeitet worden. Es wird mit ihm aber auch ganz was anderes angerichtet: *Tische, Schalen, Platzteller, Rötelibecher, Eierbecher, Flaschenkühler, Dosen, Lavabos, Zylinderleuchten, Petrollampen, Kerzenhalter, Kartenhalter, Vasen, Bilderrahmen, Wechselrahmen, Palisadenzäune, Vogeltränken…*

Johann Josef Jörger, Bei den Walsern des Valsertales (1913), bearbeitet und erweitert von Paula Jörger (1947), 5. Auflage, Basel 1998. Peter Eckardt, Der Steinbelag im Kontext, in: Bundesamt für Bauten und Logistik Bern (Hg.), Neugestaltung Bundesplatz in Bern, Bern 2004. Hans Murawski, Wilhelm Meyer (Hg.), Geologisches Wörterbuch, 11. Auflage, München 2004.

Wenn sie *im Läntatal* auf 2300 Metern Höhe den *jungen Valser Rhein im Gletschervorfeld* fotografiert, sind greifbare Nähe und zugleich unerreichbare Ferne in einem Bild, und auch in ihren Fotoserien zur Therme Vals zeigt Hélène Binet das Bauwerk im Fokus von Hier und Dort. Die Architektur rahmt, teilt, zentriert die Landschaft und ihre Besonderheiten, was die Struktur des Baukörpers am Ort erleben läßt, wird in der Fotografie zum Thema: die Aussicht auf den Steilhang gegenüber, auf die Steindächer im Dorf, auf die Bergspitzen am Horizont. Im **AUSSENBAD** ist einerseits die Konstruktionsweise von *Tischen* und *Blöcken* deutlich erkennbar, andererseits machen sich die in dem System des aufsteigenden Steinmauerwerks integrierten Überlaufrinnen wie gurgelnde Stimmen aus der Tiefe akustisch bemerkbar. Die direkte Sichtbeziehung zum *Innenbad* ist durch die Anordnung der *Blöcke* verdeckt, einbezogen ist die Umgebung – Extrovertiertheit innerhalb schützender Grenzen. Das Wasser *als Material*, in das man *eintauchen* kann: Ein Postkartenmotiv von Hélène Binet zeigt die horizontalen Linien des Mauerwerks, das am unteren Bildrand in der Wasseroberfläche verschwindet, die Köpfe von vier Frauen markieren den Übergang. Sonst findet man kaum Menschen in ihren Architekturfotos, das ergäbe *ein anderes Bild*, sagt sie, *da ist schon eine Erzählung, eine Episode, eine story enthalten*, das erzeugt eine andere Konzentration, die von dem Bauwerk und seinen Besonderheiten ablenken würde.

Verschiedene Fotografinnen und Fotografen haben das *Aussenbad* von seinen verschiedenen Seiten aufgenommen: Da ist viel Stein im Bild, die *gebrochenen* Steinflächen auf der *Steininsel*, die über Steinschichten auskragenden Betonplatten, die eleganten Linien der Liegen, Stufen ins Wasser, Körper im Wasser. Die senkrechten Akzente aber sind nur selten oder gar nicht auf Bildern: Vormittags werfen die Messingstäbe des Geländers am *Liegefelsen* ihr Schattenspiel an die Steinmauer, davor strecken sich drei Wasserspeier aus der Tiefe und beugen die goldenen Hälse zum Wasserspiegel: Frühmorgens um sieben Uhr, wenn im Dorf die Kirchenglocke zur Stunde schlägt, strömt nach dem letzten Klang aus den Messingrohren das Wasser ins Becken.

Hélène Binet (Fotos) in: Peter Zumthor, Häuser 1979–1997, Basel–Boston–Berlin 1999. Hélène Binet (Fotos) und Peter Schmid (Bildlegenden) in: Hotel Therme Vals (Hg.), Stein und Wasser – Kultur Winter 2005/06, Vals 2005.

Innerhalb des Areals der Hotel- und Appartementbauten aus den 1970er Jahren steht der **BAUKÖRPER** in seiner Längsrichtung parallel zu den Hanglinien und zum Süd-Nord-Verlauf des Tales, das heißt er ist in das ansteigende Gelände hineingesetzt, seine Dachfläche führt das topographische Profil weiter und bildet an der Vorderkante eine neun Meter hohe Stufe. Peter Zumthor spricht von einem *Solitärbau* beziehungsweise einem *grossen, grasüberwachsenen, tief in die Hangkante eingelassenen und mit der Flanke des Berges verzahnten Steinkörper.* Die Ostfassade präsentiert sich in voller Länge, die helle Dachkante der Betonplatten bildet eine auffallende horizontale Kontur zum Steinmauerwerk, die großen und kleinen Öffnungen scheinen nach einem geheimnisvollen Rhythmus komponiert zu sein, sie schauen auf die Almhütten am Steilhang gegenüber, auf die Baumwipfel, Balkonreihen und Dachflächen unmittelbar davor. Unter den zum Teil turmhohen, wie beiläufig zusammenstehenden Gebäuden schafft dieses Bauwerk gewissermaßen Ordnung und Zugehörigkeit, es gibt Anhaltspunkte für Blickrichtungen vor, behauptet sich souverän im Zentrum ohne sich hervorzutun und läßt seine Nachbarn wie in neuem An- und Aussehen glänzen.

Peter Zumthor, Thermal Bath at Vals, London 1996. Peter Zumthor, Häuser 1979–1997, Basel–Boston–Berlin 1999.

Mehrere Modelle in verschiedenen Maßstäben und aus diversen Materialien veranschaulichen dreidimensional die einzelnen Stadien des Entwurfs. Sie haben den jeweiligen Planungsstand begleitet und erklärt und sind oft fotografiert worden, teils für Publikationen, teils für die Archivierung, aber auch als Hilfe beim Entwerfen: Wie Schaubilder nehmen diese Fotos manche räumlichen Eindrücke vorweg, ohne sie genau definieren zu wollen. Ergänzend zu Skizzen und Planzeichnungen halten sie ganz bestimmte Motive und Kriterien der Entwurfsfindung fest. Ein Detail, das in verschiedenen Modellfotos durch eine spezielle Beleuchtung immer wieder hervorgehoben worden ist, ist die Führung des Tageslichts, das von der Decke herab in den Raum dringt. Das zerlegbare Steinmodell im Maßstab 1:50 aus dem Jahr 1991 – es stellt das sogenannte *Vorprojekt* dar – zeigt schon deutlich den ästhetischen Grundgedanken, der vom gewählten Baumaterial abhängt und aus den entsprechenden konstruktiven Gründen entstanden ist: Es besteht aus Valser Steinen und ist ein Baukastensystem aus zueinander im rechten Winkel angeordneten *Blöcken*, die jeweils eine auskragende Platte tragen, Peter Zumthor nennt es *eine Serie von aneinandergereihten Tischen*. Die Fugen zwischen den einzelnen *Tisch-Dächern* bilden ein Liniennetz über den gesamten Dachbereich. Sie sind Schlitze durch Dach und Decke und spielen in den Fotos des Steinmodells eine besondere Rolle als Lichtquellen: Wie ein Endoskop schaut der Fotoapparat in die Innenräume dieses *geometrischen Höhlensystems* und entdeckt das Licht, das an Wänden entlang fließt, Raumecken betont, helle Streifen bis zum Boden zeichnet und auf der simulierten Wasseroberfläche reflektiert. Diese Bilder nehmen – auch wenn sich dann noch sehr vieles grundlegend geändert hat – ganz wesentliche Aspekte vorweg, die im realisierten Bauwerk die Raumatmosphäre bestimmen, geschaffen durch die raumbildenden und tragenden *Blöcke* mit den Dachplatten und den Lichtfugen dazwischen. Bautechnisch sind in diesen Lichtfugen die **BEWEGUNGSFUGEN** des Gebäudes integriert, die wegen unterschiedlicher Ausdehnungen verschiedener Baukörperteile aufgrund von Temperaturschwankungen sowie wegen horizontaler und vertikaler Bewegungen vorzusehen sind. *Lichtfugen an der Decke, Wasserfugen am Boden*: Manche Bewegungsfugen am Boden nehmen Wasser auf, aber nicht alle Bodenfugen führen Wasser, manche sind mit Bitumen ausgelegt, alle Dachfugen hingegen sind auch Lichtfugen. An den verschiedenen Modellen wurden die Fugen *erprobt* und aus den konstruktiven Anforderungen heraus weiterentwickelt, sie sind das wesentliche, durchgehende Motiv in der Abfolge von Entwürfen. Die Zielvorstellung und letztlich der Effekt liegen in der Definierung von Räumen mit Stein, Wasser und Licht. Dazu ergänzend widmen sich auch einzelne Skizzenserien ganz speziell dem System der Fugen, die zum Beispiel mit gelben und orangen Farben markiert sind: *Da bewegt sich Wasser oder Licht*, am Boden oder an der Decke.

Schlitze im Modell, Farbstriche in der Skizze, Fugen im Baukörper: Am Boden fließt über Fugen das Wasser ab, an der Decke fließt durch Fugen das Licht ein, da betont es im *Innenbad* Raumecken, zeichnet helle Streifen bis zum Boden und reflektiert auf der Wasserfläche. Im Grasdach ist die Struktur der Fugen kenntlich gemacht durch 28 Zentimeter breite, horizontale Glasabdeckungen, welche die darunter befindlichen komplexen Abdichtungsmaßnahmen für die sechs Zentimeter breiten Fugen zwischen den Deckenplatten verbergen. Diese Glasabdeckungen rahmen die einzelnen Platten, auf denen das Gras wächst. Die Lichtfugen an der Decke, die Wasser- und Bitumenfugen am Boden geben somit wesentliche ästhetische Richtlinien im Raumgefüge vor und sind zugleich die Bewegungs- und Dilatationsfugen in dem komplexen, hohen Temperaturschwankungen unterworfenen Bauwerk, das im Winter in einer Außentemperatur von bis zu minus 15 Grad steht und an der Innenseite desselben Mauerabschnitts Wassertemperaturen von bis zu plus 42 Grad hat. An anderen Stellen, im *Aussenbad*, entstehen im Bereich von zehn Zentimetern Höhe fallweise Temperaturunterschiede von plus 37 Grad unterhalb und minus 15 Grad oberhalb des Wasserspiegels. In einer großen Zahl von Detailplänen ist das komplexe System der Trennung mit Dämmstreifen, Abdichtungen und anderen Vorkehrungen festgelegt, um Wärme- beziehungsweise Kältebrücken und folglich Risse und Brüche im Mauerwerk zu vermeiden.

Peter Zumthor, Thermal Bath at Vals, London 1996. Martin Tschanz, Das spezifische Gewicht der Architektur – Ein Gespräch mit Peter Zumthor, in: archithese 5/96, Zürich 1996.

Die Menge an Blütenblättern, die im Bereich der Wasseraufbereitung nach dem Reinigen des Filters dem Wasser täglich beigegeben werden, bestimmt die zuständige Badeaufsicht, es sind zwei oder drei Handvoll. In der Unterwasserbeleuchtung im **BLÜTENBAD** entsteht so ein besonderer Zauber: Die Betonwand oberhalb des Wasserspiegels ist schwarz, unterhalb weiß eingefärbt, die schwimmenden Ringelblumenblütenblätter leuchten goldgelb im Gegenlicht. Der Duft im Raum entströmt nicht dem Wasser, sondern liegt in der Luft, entweicht hinter einer kleinen metallenen Abdeckung an der Wand, die Zugabe von ätherischem Lavendelöl in den Zerstäubermechanismus erfolgt ebenfalls im unteren Geschoß. Blütenblätter und Wohlgerüche in öffentlichen Bädern haben schon im Mittelalter die Badenden erfreut: Das Schwitzbad wurde mit Wannenbädern kombiniert, *in das lauwarme, klare Wasser hat man Blütenblätter von Rosen geworfen und einen duftenden Holunder-, Rosmarin-, Kamillen- und Steinkleesud gegossen.* Ab dem 12. Jahrhundert erlebte die Badekultur im Abendland eine Art *Renaissance*, die bis zum 15. Jahrhundert anhielt: Nicht nur dieses Vergnügen hatten die Kreuzritter von ihren Eroberungszügen aus dem Orient mitgebracht. Das *Blütenbad* hat in seinem *Block* einen eigenen Duschraum, an diesem vorbei führt der Zugang um die Ecke in sein 33 Grad warmes Wasser. Nach dem Auftauchen sollen die Blütenblätter an Körper und Badekostüm nicht unbedingt kleben bleiben.

Françoise de Bonneville, Das Buch vom Bad, München 1998.

Bereits die Skizzen zum sogenannten *Vorprojekt* zeigen an der Bergseite auslaufende Striche, die sich in den späteren Entwürfen und letztlich auch in den Präsentationsplänen als langer Gang manifestieren, er ist unterwegs mit dem rechten Bildrand abgeschnitten: Das ist die unterirdische Verbindung zum Haupthaus des Hotelkomplexes, auf dessen Kellergeschoßebene die Therme betreten wird. In das Gebäude führt also keine Tür, der **EINGANG** ist sozusagen verborgen, der Gang dorthin ein Tunnel, niedrig, schmal und schwarz, ein Drehkreuz markiert den Übergang in einen Korridor, die sogenannte *Trinkhalle*, wo an der bergseitigen Wand fünfmal aus Messingrohren warmes Quellwasser rinnt, die andere Längswand ist im Rhythmus von fünf Türöffnungen gegliedert. In den mit dunkel glänzendem Holz ausgekleideten Garderoberäumen führt jeweils schräg gegenüber eine Türöffnung weiter, ein schwerer schwarzer Ledervorhang trennt und verbindet die Bereiche, der Akt des Umkleidens ist spätestens beim Durchgehen zum theatralischen Erlebnis, zum Auftritt wie auf eine Bühne geworden – wir sind Darsteller und Zuschauer zugleich: Eine lange, schmale Galerie eröffnet den Blick auf die Badeebene darunter, zeigt Wände und *Blöcke* aus Stein, gewährt Durchblicke und verwehrt den Ausblick ins Freie, das zunehmende Tageslicht auf den Steinen verspricht aber Öffnung nach außen. Die Galerie ist zu ihrem Schauplatz hin mit einem Messinggeländer begrenzt, zarte Stäbe sind unten mittels gegossener Bronzeteile im Steinboden befestigt und werden oben von einem flachen Messingprofil als Handlauf gehalten, sie stehen im senkrechten Kontrast zur dominierenden Horizontalität der Steinschichten. Als Stufe im Berg macht die Galerie die Topographie erlebbar, weshalb dieser Bereich in den Plänen als *Felsband* bezeichnet ist, parallel dazu führt eine *Felsentreppe* nach unten – Stäbe und Handlauf begleiten den Weg. Eine Skizzenserie aus der Entwurfsphase dokumentiert Bild für Bild die *Eingang-Sequenz*, der Querschnitt durch die Anlage ist reduziert auf den dunklen unterirdischen Gang, auf das *Felsband* als erhöhte Zuschauerebene und auf die zunehmende *Eröffnung* des Berges ins Freie. *Ich will noch keine nassen Fussabdrücke sehen* – der erste Gast am frühen Morgen will nicht umsonst als erster aufgestanden sein.

Peter Zumthor, Häuser 1979–1997, Basel–Boston–Berlin 1999.

BLOCKSTUDIEN Steinbruchbilder, die wir später Blockstudien nannten, haben wir viele gezeichnet. Das Zeichnen war spielerische Forschungsarbeit ohne architektonische Vorbilder. Ich erinnere mich an ein Gefühl von grosser Freiheit in der Verfolgung kompositorischer Themen, die wir an Hand dieser Blockstudien entwickelten, in spontanen Zeichnungen zur Form kommen liessen und im Gespräch zu verstehen versuchten.

Im Geiste hatten wir begonnen, unseren Bauplatz im Hang vor dem Hotel in der Art eines Steinbruches aufzubrechen, haben riesige Blöcke aus dem Hang herausgebrochen, liessen andere entstehen. Es entstanden Klüfte und Vertiefungen, Rinnen, in denen das Wasser zu fliessen begann und sich sammelte. Masse und Hohlraum, Öffnung und Verdichtung, Rhythmus, Wiederholung und Variation – das waren die Themen, die uns beim Zeichnen der Steinbruchbilder interessierten. Und beim virtuellen Aushöhlen der Masse entstand ein grosser Zwischenraum, ein riesiger Zusammenhang, ein Raumkontinuum, das uns mehr und mehr faszinierte. Unser Bad, ein grosses Raumkontinuum, ein Raum, in den ich eintrete und den ich

sofort als etwas Ganzes erfahre, den ich aber nie auf einen Blick übersehen kann. Ich muss ihn begehen, erwandern, entdecken. Ich erfahre ihn Bild um Bild, als räumliche Sequenz.

Ähnlichkeiten. Der Ausschnitt aus einer Partitur von John Cage zeigt auf der Zeitachse des Notensystems die Struktur des musikalischen Ereignisses: Rhythmen, Verdichtungen, Intensitäten. Der abgebildete Zeitungsausschnitt von damals stammt aus einer Sonntagslektüre.

In Wirklichkeit besteht der Baugrund der Therme aus losem Material. Erst viel tiefer stösst man an dieser Stelle auf Fels, das wussten wir, als wir die Steinbruchbilder zeichneten. Dass es zwei Kilometer weiter hinten im Tal in gleicher Lage aber tatsächlich einen Steinbruch gibt, wo Valser Gneis gebrochen wird, hat unsere Steinbruchstudien beflügelt. Den lokalen Stein in irgendeiner Form zu verwenden, lag nahe. Dass die Therme wirklich vollständig aus Valser Stein gebaut werden sollte, wussten wir damals noch nicht. Unsere Blockstudien scheinen es aber schon gewusst zu haben.

Aufsicht P

SCHNITTENTWICKLUNG: STEINTISCHE UND KAVERNEN Vom Bild des Steinbruches zum Bild eines Gebäudes aus Stein. Wie die rechts abgebildeten kleinen Skizzen zeigen, gab es am Anfang die Vorstellung, aus den Blöcken unseres Steinbruches riesige Tische zu schneiden und diese aneinanderzufügen und übereinanderzustapeln, um so das gewünschte Gebäude zu erhalten. Nach und nach hat sich dann aber das Bild des grossen Monolithen, wie es der oben rechts abgebildeten Skizze zu Grunde liegt, durchgesetzt. Querschnittskizzen dieser Art sind am Rande von Entwurfs-

besprechungen viele entstanden. Sie variierten immer wieder dasselbe Prinzip: Ein aus dem Hang herauswachsender Riesenmonolith, eine zusammenhängend gedachte Steinmasse, wird von vorne, von oben und in ihrem Innern ausgehöhlt. Es entstehen geschlossene Kavernen, nach oben oder nach vorne offene Höhlungen und, als Produkt dieser erdachten Höhlvorgänge, «herausgemeisselt» aus der Felsmasse sozusagen, mächtige «Steintische», grosse Steinpfeiler mit auskragenden Platten.

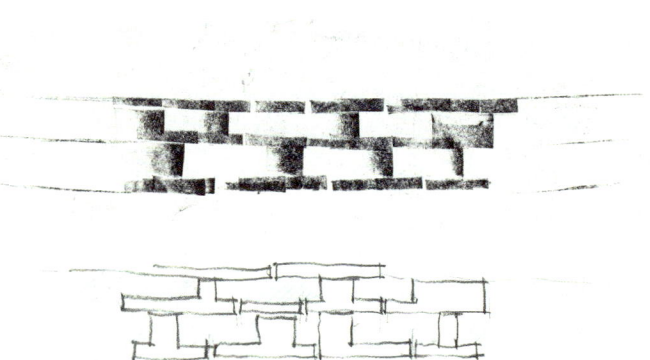

Steintische, geschlossene Kavernen und ein grosser Hohlraum zwischen den Tischen, der sich zum Himmel und nach vorne zur Aussicht öffnet – mit diesen Grundelementen ist das räumliche Repertoire des Bades entwickelt. Die Steinbruchbilder des Anfangs haben sich verwandelt und haben begonnen, die Form von architektonischen Konstruktionen und benutzbaren Räumen anzunehmen.

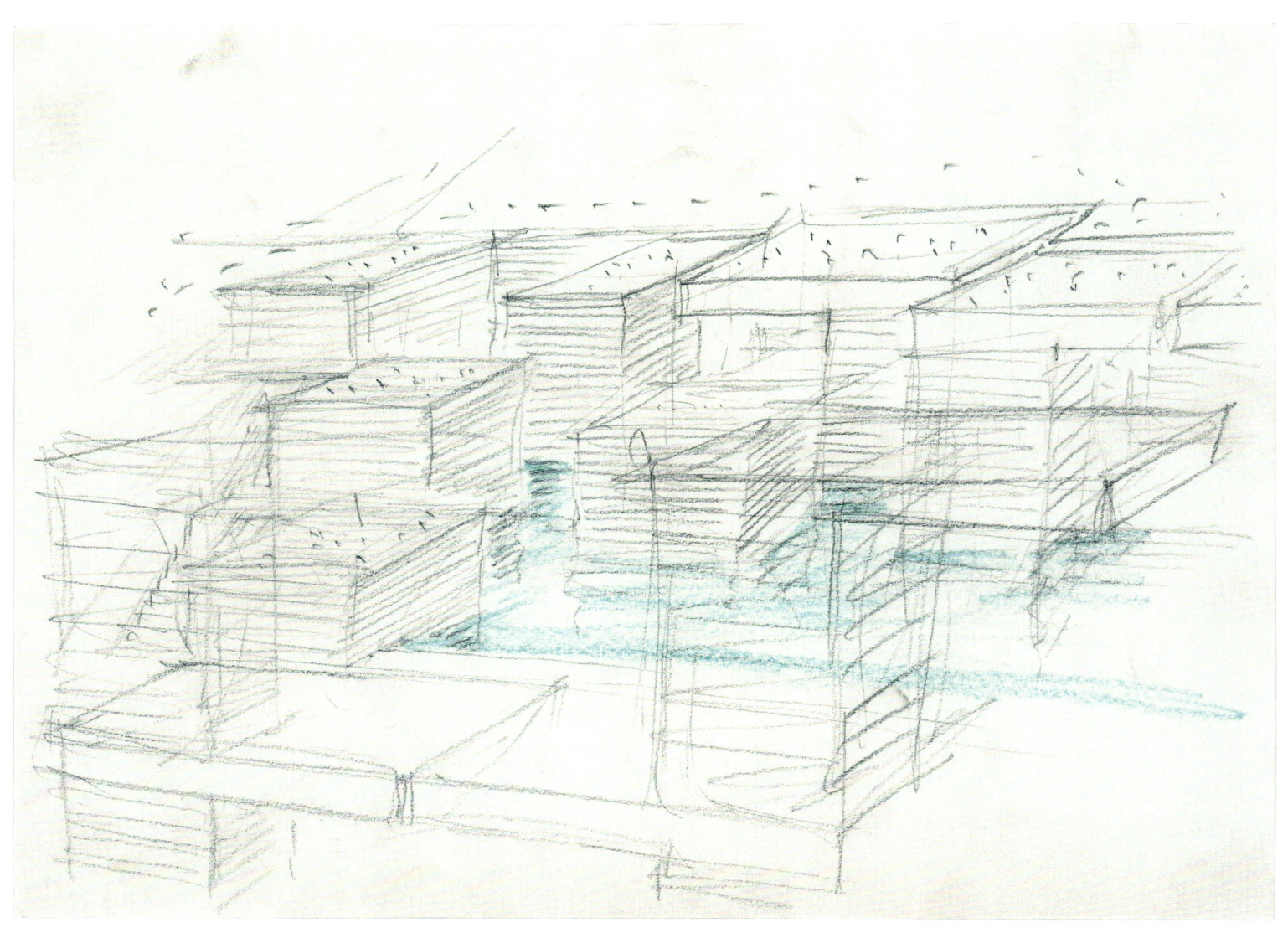

Steinbruch- oder kavernenartige Formen hat das Gebäude bis zum
Schluss auf der Rückseite behalten, dort, wo die Blockstruktur sich
frei mit dem Berg verzahnt und aus diesem herauszuwachsen
scheint, während man auf der Talseite eine geometrisch aufgebaute
Architektur, einen grossen Kubus erkennt, der in den Hang hineingesetzt ist. Blickt man von oben auf das Gebäude, bieten die Platten
der Steintische das Bild eines präzise gefügten Mosaiks, das
der Teppich der Magerwiese des Hanges weich überzieht. Auf den
Steinplatten wächst Gras.

Mit den später für das Gebäude entwickelten Konstruktionen haben wir darauf geachtet, das Entwurfsthema des Aushöhlens und Aufschneidens der grossen monolithischen Masse durch sprechende Details zu verdeutlichen: Monolithisches gross und zusammengehörig erscheinen lassen, Höhlungen betonen, Trennungen und Schnitte in der Decke oder im Boden deutlich als solche ausbilden! Die Atmosphäre im Innern des Bades ist von dieser Treue zum einmal gewählten Thema geprägt: Mächtige Pfeiler, grosse Bodenfelder, kräftig auskragende Dachplatten stehen nebeneinander, schwere Massen, dicht an dicht, die sich nicht berühren. Daneben Hohlräume in der Masse, die man durch schmale Öffnungen betritt.

Die abgebildeten Skizzen beschäftigen sich mit der Detaillierung und Orchestrierung innenräumlicher Situationen. Die obere Zeichnung, eine Studie zur Zugangsgalerie, zeigt eine typische Situation im Gefüge der grossen Steintische: Eine schwere Deckenplatte endet knapp vor dem massiven Mauerblock der Duschen, Licht sikkert von oben ein, die Deckenplatte wird von einem weiter rechts stehenden Pfeiler, der nicht im Bild ist, getragen, kragt also mächtig aus, während die Bodenplatte vor den Türen des Blockes zur Linken offensichtlich die Fussplatte genau dieses Blockes ist; sie steht vor und greift nach hinten aus bis zum Garderobenblock im Hintergrund, dessen schmales Vordach die Zugangsgalerie überdeckt,

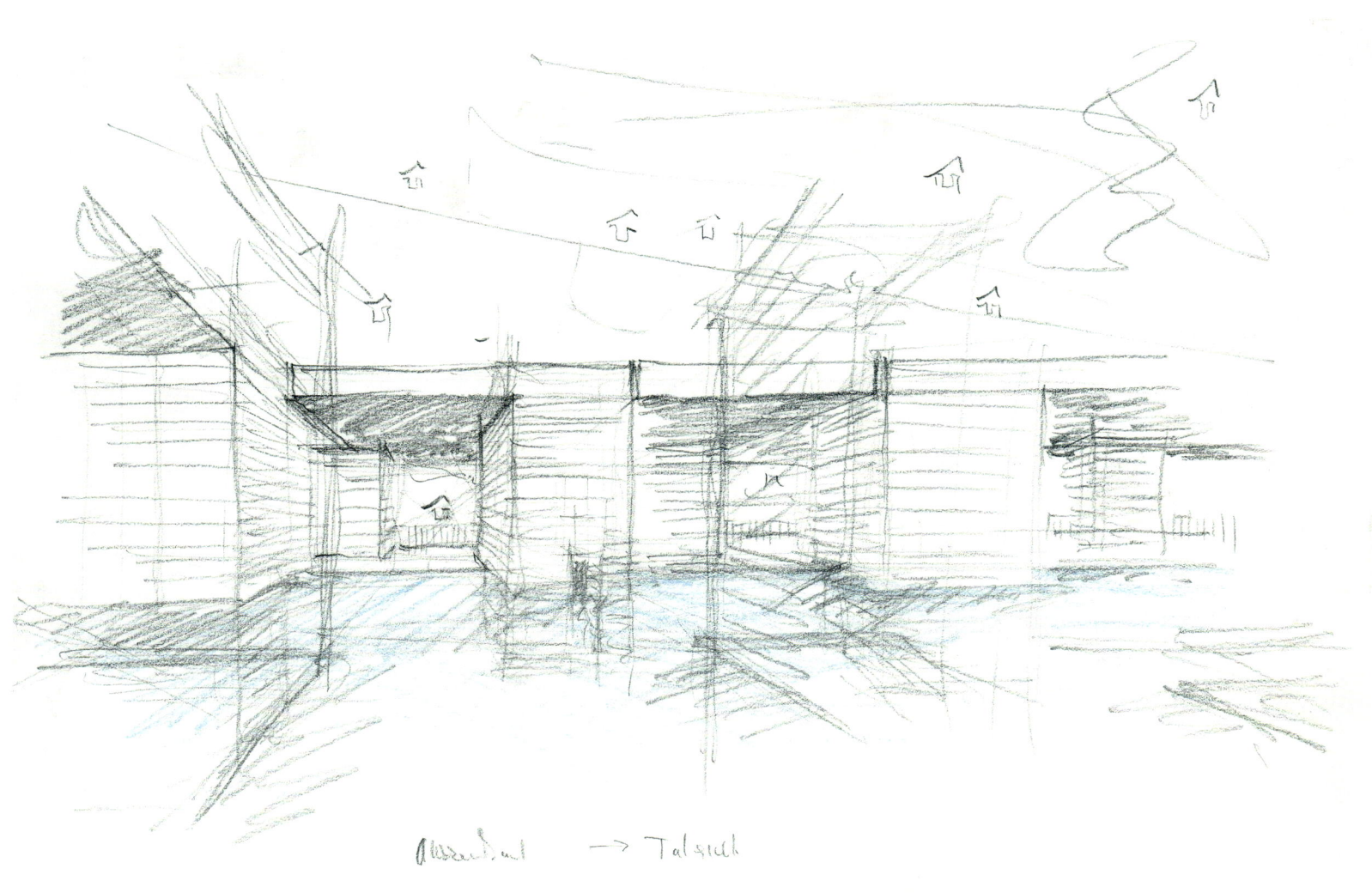

wo die Dachplatte eines Pfeilers, der weiter unten im Bad steht, endet und einen langen Lichtschlitz offen lässt, der ... und so weiter.

Die Beschreibung macht es deutlich: Die Deckenplatten, Pfeiler und Bodenplatten bilden ein dreidimensionales Raumgefüge – Masse, Lichter, Auskragungen, Lasten. Die Massen sind gross und schwer, die Zwischenräume und Auskragungen riesig. Und der mäandrierende Raum zwischen den Blöcken drängt immer wieder ans Licht, geht zur Aussicht, wo die Blöcke in grossen Bildern den Blick in die Landschaft rahmen, den Hang der gegenüberliegenden Talseite.

Die Talflanke gegenüber der Therme, ein grosser Hang mit Ausfütterungsställen; in Rechtecken gemäht und beweidet, übersät mit Steinblöcken, geritzt und beschrieben von Wegen und Zäunen. Der Wiesenteppich ist bucklig. Er überzieht die steinernen Flanken des Berges.

An einem bestimmten Zeitpunkt im Lauf eines Entwurfsprozesses kommt *die Stunde der Wahrheit*, sagt Peter Zumthor, das sei die Phase, in der ein Auftrag *wahr wird*: Dann werden wieder die ersten Skizzen hervorgeholt, dann werden die bisherigen Ideen in Frage gestellt, dann beginnt das Entwerfen *wie von vorne*, auch wenn bereits ausgearbeitete Planzeichnungen vorliegen. In der Phase der Entwurfsentwicklung für das Projekt *Therme Vals* sind mehrere Varianten entstanden: Was letztlich auf dem Plan und in der Realität selbstsicher und unverrückbar erscheint, hat nicht unbedingt von Anfang an seinen Platz gefunden, gibt sich erst im Laufe des Entwerfens zu erkennen, wird im Zuge der Realisierung besprochen, entdeckt und definiert. Schon die ersten Skizzen zeigen ein Raumgefüge, das bestimmte, erst im endgültigen **ENTWURF** offensichtliche Intentionen andeutet oder suggeriert, als habe die Graphik die weiteren Gedanken bereits geahnt und vorweggenommen. Schritt für Schritt, auf unzähligen Skizzen sind die Ideen von schwarzen, grauen und farbigen Flächen gebändigt worden und in verschiedenen Bereichen verändert und variiert – manchmal ist die Transformation fast unmerklich.

Im Archiv sind mehrere *Referenzbilder* eingeordnet, die einerseits die Argumente vor den Bauherren illustrieren sollten, andererseits nachträglich bei Vorträgen zum Entwurfsvorgang *Therme Vals* gezeigt werden. Sie haben zum Teil die Entwurfsfindung erleichtert oder vorangetrieben: Ein Tor-Motiv von Ulrich Rückriem inspiriert *primäre Arten der Bearbeitung von Stein – bohren, spalten, brechen, schneiden, sägen, schleifen –*, das Innere einer Staumauer vermittelt die *architektonische Kraft* der funktionellen Konstruktion, Straßengalerien *stemmen sich gegen den Berg*, an der Anlage von Stonehenge imponiert das *Aufeinanderlegen von Monolithen*, Kompositionen von Piet Mondrian lösen *Flächen auf in geometrische Abstraktionen*, eine Partitur von John Cage zeigt *die Dichte eines Feldes und die Dichte am Rand*, Gras wächst zwischen Steinen, Valser Steinplatten stehen für Dachdeckung bereit, gestapelt: *So wie diese Dächer, so funkelt dann das Wasser im Bad.* Und in der Reihe der *Referenzbilder* hat auch ein Werbebild seinen Platz, und zwar die großformatige Schwarzweißaufnahme (oder ist es eine Montage) von gebirgigen Inseln in einem Meer – so hat vor circa zwanzig Jahren *Valser Wasser* auf sich aufmerksam gemacht unter dem Motto *Das Valsertal vor 80 Millionen Jahren*, und die dunklen Bergrücken im Nebelmeer erinnern an *eine archaische Landschaft wie in der Antarktis.*

Der Entwurfsprozeß wird auf diese Weise ein Transformationsprozeß, die sogenannte Idee entwickelt sich weiter durch die Übertragung auf verschiedene Oberflächen, mit verschiedenen Materialien: Die Skizze nimmt auf verschiedenen Papieren verschiedene Farben an, das Modell nimmt in verschiedenen Maßstäben, mit Hilfe von verschiedenen Werkstoffen verschiedene Formen an: Ton, Styropor, Gips, Karton, Holz, Stein. Für die Präsentation anläßlich der Gemeindeversammlung in Vals, zur Veranschaulichung des sogenannten *Vorprojekts,* ist nicht nur ein zerlegbares Baumassenmodell mit Umgebung im Maßstab 1:500 angefertigt worden, sondern auch ein ebenso zerlegbares Steinmodell aus Valser Steinen im Maßstab 1:50, das die Ebene des Badebereichs darstellt. Die Steinquader stehen *in einer mit Wasser gefüllten Stahlwanne*, blau leuchtet in allen Becken und Fugen *das hinzugefügte Frostschutzmittel.* Dieses *Innenbad*-Modell ist mehrfach weltweit ausgestellt und für diverse Publikationen fotografiert worden. Die Fotos davon nehmen – trotz aller späteren Änderungen – die räumliche Atmosphäre vorweg: *Stein*, *Licht* und *Wasser*, Reflexionen und Farbspiele. Üblicherweise werden Präsentationsmodelle aus Holz am besten *angenommen*, auch in Vals, wo der Gneis bis dahin ein gängiges Baumaterial nur für Dachdeckungen war. Es mußte also nach allen Seiten das Vertrauen zu diesem Baumaterial erst hergestellt und gestärkt werden.

Die wesentlichen Begleitwörter in der Zeit des Übersetzens von ersten Ideen in erste Skizzen, und weiter des Übertragens von Entwürfen in Modelle und Pläne waren *Berg*, *Stein*, *Wasser*. Peter Zumthor schreibt dazu: *Bauen im Stein, Bauen mit Stein, in den Berg hineinbauen, aus dem Berg herausbauen, im Berg drinnen sein –, wie lassen sich die Bedeutungen und die Sinnlichkeit, die in der Verbindung dieser Wörter stecken, architektonisch interpretieren, in Architektur umsetzen? Entlang dieser Fragestellung haben wir das Bauwerk entworfen, hat es Schritt für Schritt Gestalt angenommen.* Die Topographie des Ortes und der Charakter der Landschaft ringsum sind die eindrücklichen Vor-Bilder auf dieser Suche, und sie wird begleitet von dem Anspruch, das Bauwerk solle das Gefühl vermitteln, *es sei älter als seine bereits bestehenden Nachbarn, sei in dieser Landschaft schon immer dagewesen.*

Es gibt mehrere, klar unterscheidbare Entwurfsphasen: Die ersten Entwürfe aus dem Jahr 1986 und 1987 dokumentieren *ein ganz anderes Projekt*: Zusammen mit dem Bau eines neuen Bades sollte das Haupthaus der Hotelanlage erweitert werden. Das *Vorprojekt* von 1991, auf vielen Skizzen entwickelt und auf farbigen, im Siebdruckverfahren hergestellten Plänen präsentiert, konzentriert sich nur noch auf das Bad, den sogenannten *Solitär*. *So entsteht der neue Entwurf: Steinblöcke und Tische*, die tragenden Pylonen werden allmählich zu *Raum-Boxen*. Die Organisation der Räume zeigt aber noch eine Badeanlage, die dem gängigen Wunschrepertoire und den Verordnungen des damaligen Projektmanagements entgegenkommt – *Warmwassergrotte, Kaltwassergrotte, Sprudelgrotte, Kneippgang, Whirlpool, Massagedüsen, Solarien –*, dies so lange, bis sich die Bauherrschaft entscheidet, das Bad nach den Vorstellungen des Architekten zu errichten und auch das Raumangebot nach seinen Ideen zu gestalten, *worauf der Projektmanager ging*. Noch Anfang 1994 erschließt sich die Raumabfolge in Nord-Süd-Richtung entlang den Höhenschichten. Zum Berg hin wird die Komposition von schwarzen, blockhaften Flächen begrenzt, die im rechten Winkel zueinander und stufenweise immer um einen Block weiter nach vorne blaue Flächen begrenzen: Die Buchstaben K und W wechseln sich dreimal hintereinander ab zu sechs Teilen. *Warm-Kalt-Wasser-Kavernen-Rücken* – so heißt diese Entwurfsstufe.

Die erste Skizzenserie für den endgültigen Entwurf nennt Peter Zumthor *Steinbruchbilder*, sie sind fast monochrom in schwarz und grau gehalten, rechteckig zueinander komponierte Flächen, von kürzeren und längeren Pastellkreiden aufs Papier geschoben, geschlichtet, fixiert. Nach dieser Serie entstehen mehrere *Block-Studien*, in Blau- und Schwarz-Tönen, die blaue Farbe symbolisiert in den meisten Fällen die Wasserflächen, die *Blöcke* sind tragende Pfeiler. In einer frühen Variante sollten drei Pfeiler das *Innenbad* begrenzen, im weiteren Verlauf und letztlich in der Ausführung werden es vier rechteckige, circa doppelt so lange wie breite Pfeiler, die im Sinne eines *Windrades* gedreht sind. Es entwickeln sich nach und nach die Räumlichkeiten, die bis zum realisierten Projekt bestehen bleiben: ein *Innenbad*, ein *Aussenbad* und ein langer Stiegenlauf, die *Felsentreppe*, parallel zur Geländekante. Er verbindet das *Innenbad* mit dem Bereich der Garderobe, diese ist in der ersten Entwurfsphase auf konventionelle Weise mit der Eingangszone verbunden und organisiert kammartig den Zugang zum Raumkontinuum zwischen Pfeilern und Becken. Erst nach und nach wird sie an die Bergseite geschoben und zu einem wesentlichen Bauteil im Rücken des Gebäudes aufgewertet, und nun erschließt sich die Raumabfolge in West-Ost-Richtung. Das Gebäude wächst *aus dem Berg heraus ans Licht*.

Ausführlichere Skizzen machen lineare Ordnung zwischen den *Blöcken*, heben Striche farbig hervor, geben nähere Hinweise, mit Worten, Begriffen oder mit Zahlen, gehen ins Detail ohne allzuviel zu verraten, der Entwurf wird da auf verschiedene Funktionen überprüft und durch Farben sichtbar gemacht. Gelbe und orange Farben markieren zum Beispiel Fugen: *Da bewegt sich Wasser oder Licht*, am Boden oder an der Decke. Gelb betonte Konturen und Kanten markieren *Ordnungslinien – mehrfach definiert*, dazu steht in Klammern die Bemerkung *Flucht wiederholt sich*: Die gelbe Farbe auf dieser Skizze kennzeichnet Begrenzungen, die in mehreren Ebenen gelten, sie sollen *die Komposition straffen und halten*. Die gelbe Farbe hebt auch das konstruktive *Prinzip* hervor, Pfeiler betonen die Richtung: *Prinzip/Regel – die Blöcke* sind wie ein *Windrad* zueinander gedreht, die Bewegungsflächen dazwischen werden *verzahnt versetzt*, die *räumliche Verzahnung* der Struktur ist einem *Reissverschluss-System* entlehnt, das *Netzwerk der Freiräume* entspricht *einem Gewebe, der zusammenhängende Grossraum zwischen den Blöcken* ist *sequentiell aufgebaut, Ausblicke* werden *gewährt* oder *verwehrt*. Das angestrebte *Raumkontinuum* soll die *Räume gewichten*: die kleinen, intimen Räume in den tragenden, ummauerten *Blöcken*, dazwischen die großen, offenen Flächen. Peter Zumthor spricht von einer *Orchestrierung der Räume*. Erst im Verlauf dieser Entwicklung haben die *Blöcke* zu ihrer primären Funktion des Tragens auch die des Bergens von Räumen erhalten, insofern werden auf den Plänen und im realisierten Gebäude einige davon als *Stein* bezeichnet, ihrer jeweiligen Bestimmung gemäß: *Trinkstein, Schwitzstein, Klangstein, Duschstein*. Schließlich ist der Entwurf reduziert auf die Materialien Stein, Licht und Wasser. Mit Kohlekreiden und Pastellkreiden, mit Bleistiften und Buntstiften werden diese *Blöcke tausendmal gezeichnet und neu geordnet*. Manche Skizze verbindet auf einen Blick Grundriß und Draufsicht, zeigt die konstruktive Organisation der tragenden Pfeiler und zugleich *wie die Wiese in das Dach übergeht*, zeigt die *Dachlinien, an denen entlang das Tageslicht in den darunterliegenden Innenraum fällt*. Die Fugen werden an Modellen *erprobt, Wasserfugen am Boden, Lichtfugen an der Decke*. Die blaue Farbe symbolisiert im Innenraum das Wasser, auf dem Dach das Licht, Zahlen im blauen Wasser definieren die Wärme von diversen Becken. Eine Serie von Skizzen dokumentiert Raumstudien und das *Innenleben der Blöcke*: Mit schwarzem Bleistift werden verschiedene Varianten von einzelnen Bereichen visualisiert, werden Bild für Bild die Inszenierungen der Eingangssituationen und die Sequenzen der Wege überprüft, wie graphisch dargestellte Filmszenen in einem Drehbuch. Einige Farbakzente vermitteln etwas von der zu erwartenden Stimmung, von der beabsichtigten Atmosphäre, andere verteilen punktuell das Kunstlicht.

Auch wenn sich vieles geändert hat in der langen Entwurfsphase, so hat doch die *Tisch-Konstruktion* der *Blöcke* mit ihren Dachplatten bereits in den Anfängen existiert, ebenso die *hängende Sonderplatte über dem Innenbad.* Und ebenso bald hat sich die tragende Konstruktion ihrem Material zugewandt, nämlich dem örtlichen Stein – Platten aus Valser Gneis. *Es ist immer der gleiche Stein, aber je länger man hinschaut, desto verschiedener sind die einzelnen Steine: feinkörnig, geschiefert, manchmal glimmernd, vom Grünlichen ins Bläuliche changierend.* Zeitweise, im Laufe der Entwurfsentwicklung, sind auch andere, *ausländische* Steine eingeplant worden, und es hat dann noch einige Zeit gedauert, bis sich der Entwurf ganz und gar auf seinen, den einheimischen Stein konzentriert hat, auf die Vielfalt dieses Steins und auf die Vielfalt seiner Oberfläche, die sich je nach der Bearbeitung ändert und einen immer neuen Charakter zeigt: *gebrochen, gespalten* oder *geschliffen.* Es hat also noch eine Weile gedauert, um – so Peter Zumthor – *mir und den anderen Mut zu machen, dass man mit diesem Stein ein ganzes Bad bauen kann.* Viele Skizzenserien dokumentieren die Überlegungen zur Schichtung der Steine – diese wird für die endgültige Variante in einem *Steinschichtenplan* im Maßstab 1:20 festgelegt.

Im Jahr 1995 entstehen detaillierte *Ausführungspläne* und *Publikationspläne* – die noblen Verwandten der *Block-Studien,* die bereits alles wissen: In grauer Farbe ist das Wasser in den Becken veranschaulicht, schwarz ist das Mauerwerk aus Stein und Beton, schwarz ist auch das Erdreich, aus dem das Gebäude herauswächst, aus dem es herausgeschnitten scheint, ein Spiel von Positiv und Negativ. *Der mäandrierende Innenraum mit seinen Vertiefungen im Boden in der Form von Becken und Rinnen, in denen das Quellwasser sich sammelt, müsste so aussehen, haben wir uns immer wieder gedacht, als wäre er aus dem kompakten Fels herausgemeisselt worden –* schreibt Peter Zumthor. Eine Skizzenfolge aus der Zeit des *Vorprojekts* nennt er die *Geburt* des Entwurfs: die Strukturierung der Bereiche durch tragende *Blöcke,* das Fließen des Raumes (oder ist es das Licht, oder ist es Wasser?) in diesen Bereichen, eine auf zwei Farben reduzierte Darstellung mit einem Raster und wenigen Zahlen. Jeder Text dazu kann dem Gedankenverlauf nur auf Umwegen nachgehen.

Peter Zumthor, Thermal Bath at Vals, London 1996. Peter Zumthor, Häuser 1979–1997, Basel–Boston–Berlin 1999. Peter Zumthor, Architektur Denken, Basel–Boston–Berlin 1999. Peter Zumthor, Das Mauerwerk der Therme Vals, in: Hotel Therme Vals (Hg.), Stein und Wasser – Kultur Winter 2003/04, Vals 2003. Peter Zumthor, Atmosphären – Architektonische Umgebungen – Die Dinge um mich herum, Detmold 2004.

Die räumliche Anordnung der Badebereiche gibt keinen bestimmten Weg vor, das Raumkontinuum erlaubt eigenständiges Schauen und Entdecken. Die einzelnen *Blöcke* bergen jeweils *eine eigene Welt*, die sich aber außen kaum ankündigt, der Zugang ist meist um die Ecke geführt, es bleibt also der Neugierde der Badegäste überlassen, nach welchem Ablauf sie sich bewegen. Allein das **FEUERBAD** ist von außen einsehbar, im Blickfeld des Eingangs leuchtet die Farbe heraus, und sie verspricht der Raumbezeichnung gerecht zu werden: Die Betonwand ist rot eingefärbt, die Temperatur des Wassers mißt 42 Grad, das rote Leuchten im grau schimmernden Stein scheint etwas von heißen Zonen im Inneren eines Berges zu wissen. Das heiße Bad hat in allen Kulturen nicht reinigenden, sondern entspannenden Charakter, besser gesagt, die Reinigung ist keine körperliche, sondern eine geistige, meist ein gemeinsames Ritual, so in dem *alveus*, einer Heißwasserwanne im Caldarium der römischen Thermen, oder in dem japanischen *o-furo*, einem raumgroßen Becken für eine Gruppe von Personen, im öffentlichen Bad heißt es *sento*. Das Wasser hat dort eine Temperatur von 45 Grad, die körperliche Reinigung geschieht vorher im Vorraum. Etwas von dieser Tradition setzt das *Feuerbad* fort, es *setzt auf die gleichsam stille, primäre Erfahrung des Badens, des Sichreinigens, des Sichentspannens im Wasser, auf den Kontakt des Körpers mit dem Wasser in verschiedenen Temperaturen und räumlichen Situationen, auf die Berührung von Stein*, schreibt Peter Zumthor. Jede Empfindung darin scheint jedenfalls verstärkt zu werden, auch der Gehörsinn, oder kann es sein, daß erhöhte Temperatur die Akustik steigert? Oder erhitzt sie die Temperamente?

Marga Weber, Antike Badekultur, München 1996. Norbert Hormuth, Manfred Bobke (Hg.), Japan, Hamburg 1992. Peter Zumthor, Häuser 1979–1997, Basel–Boston–Berlin 1999.

GRUNDRISSENTWICKLUNG: GEOMETRIEN Die ersten Entwurfs-
bilder zeigen es: Am Anfang waren die Blöcke. Aber da war auch
schon gleich der Zwischenraum zwischen den Blöcken, in dem sich
sofort bestimmte Funktionen einnisteten: Wasserbecken, heisse
und kalte Bäder, Rinnen, Wasserfälle … Die Arbeit an diesem
Zwischenraum, den wir Mäander nannten, hat die Form der Blöcke
wesentlich bestimmt. Aber die Form der Blöcke ist nicht nur Ergeb-
nis der räumlichen Wünsche, die uns der Mäander erfüllen musste.
Das Bad ist auch von den Blöcken her gedacht. Als Konstruktion
vor allem. Aber auch als Komposition.

Ein Gefühl für das Gewicht und die Streuung der Blöcke auf dem
Feld unseres Bauplatzes stammt aus den Blockstudien und frühen
Modellen: Grössere Blöcke, dichter gesetzt mit engen Zwischen-
räumen zeigen diese Studien auf der Bergseite, wo die Quader in
die gedachte Felsmasse des Hanges übergehen. Auf der Talseite
werden das Gewicht der Steine jeweils geringer und der freie Raum
zwischen den Blöcken grösser. Die abgebildeten Schwarzpläne auf
den Seiten 100/101 zeigen die am Ende ausgeführte Lösung: Grosse,
längliche Steinvolumen, verbunden mit der Masse des Hanges,
bilden den Rücken des Bades. Ein Muster von kleineren Blöcken,
gewebeartig vernetzt und ausgewogen in der Körnung, schliesst
auf der Talseite an.

Im Verlaufe der Entwurfsarbeit haben wir für das Gefüge der
Blöcke geometrische Regeln gefunden. Die zunächst frei gesetzten
Volumina begannen sich nach bestimmten Gesetzmässigkeiten
zu richten.

Eine wichtige Regel zeigt die oben abgebildete Skizze von Thomas Durisch. Sie regelt das Verhältnis von Deckenplatte und Pfeiler und besagt, dass die Deckenplatte eines Steintisches immer auf einer Seite oder über Eck bündig auf den Pfeiler aufgesetzt werden muss. Da in den Fugen zwischen den einzelnen Tischplatten Tageslicht von oben eindringt, hat diese Regel zur Folge, dass diejenigen Pfeilerflächen, die bündig an die Deckenränder anschliessen, direktes Tageslicht von oben erhalten: Streiflicht in wechselnden Winkeln, das, wenn die Sonne scheint, zweimal im Tag den Pfeilern entlang bis auf den Boden fällt.

Die rechts abgebildete Skizze arbeitet mit einem unsichtbaren System von rechtwinklig zueinander verlaufenden Ordnungslinien, das der Grundrisskomposition Halt verleiht: Jede auf der Zeichnung gelb markierte Seite eines Pfeilers liegt auf einer Linie mit mindestens einer anderen Pfeilerseite. Um die Ordnungslinien der schlussendlich gebauten Grundrisskomposition zu finden, sind wir von den frei gezeichneten Blockstudien ausgegangen und haben spontan entstandene Übereinstimmungen gesucht und verstärkt, indem wir einzelne Blöcke oder Wände auf die gefundenen Linien hin verschoben. Taten wir dies, konnten wir beobachten, wie ein leichter Ruck

der kompositorischen Straffung durch das Feld der Blöcke ging.
Aber nicht alles ist so geordnet. Wir haben versucht, den richtigen
Grad zwischen Gelassenheit und Spannung, zwischen Freiheit
und Systematik zu finden. Ich kann mich an einen Moment erinnern,
an dem ich mit neuem Interesse in einem Buch die Komposition
von Piet Mondrians Bildern studiert habe.

Quers@ntA M.th 1:700 7-14

FUGEN In den Fugen zwischen den Steinen wächst Gras. Die Fuge
war von Anfang an ein Entwurfsthema. Schon bei den ersten Steinbruchbildern und Blockstudien gab es Fugen im Boden: Kerben,
Rinnen und Vertiefungen, die sich mit Hang- und Quellwasser füllten,
in denen Gras wuchs. Und mit den ersten Schnittideen kamen
die Lichtfugen hinzu, Licht, das von oben her in die eingeschnittene
Steinmasse eindringt, durch feine Ritzen einsickert.

Lichtfugen. Nach und nach haben wir gelernt, im steinernen Gefüge, an dem wir arbeiteten, zu unterscheiden in *Seitenlicht*, das von der Talseite her in das Gebäude eindringt und das man weniger als Tageslicht, denn als grosse Aussicht erlebt, in die klassischen *Lichtpunkte*, die wir uns für das Innenbad vorbehielten, und in eine besondere Art der atmosphärischen Aufhellungen des Raumes, bewirkt durch *Lichtfugen* in der Decke, die bestimmte Wände ins Streiflicht setzen. Denn die Deckenfugen zwischen den Tischen sind keine Oberlichter im üblichen Sinne, sondern ritzenartige Fugen von lediglich 6 Zentimeter Breite. In diesen Fugen strahlt das Licht nur wenig. Es wirkt vor allem als Lichteffekt an den Wänden und auf dem Boden und macht wie eine Sonnenuhr den Lauf der Sonne sichtbar.

Die rechts abgebildete Detailstudie der Fugenverglasung, zeigt noch ein streifenförmiges Oberlicht von ansehnlicher Breite. Die Breite dieser Verglasung wurde erst später auf das atmosphärisch richtige Mass (siehe Detail auf Seite 111, oben) zurückgenommen.

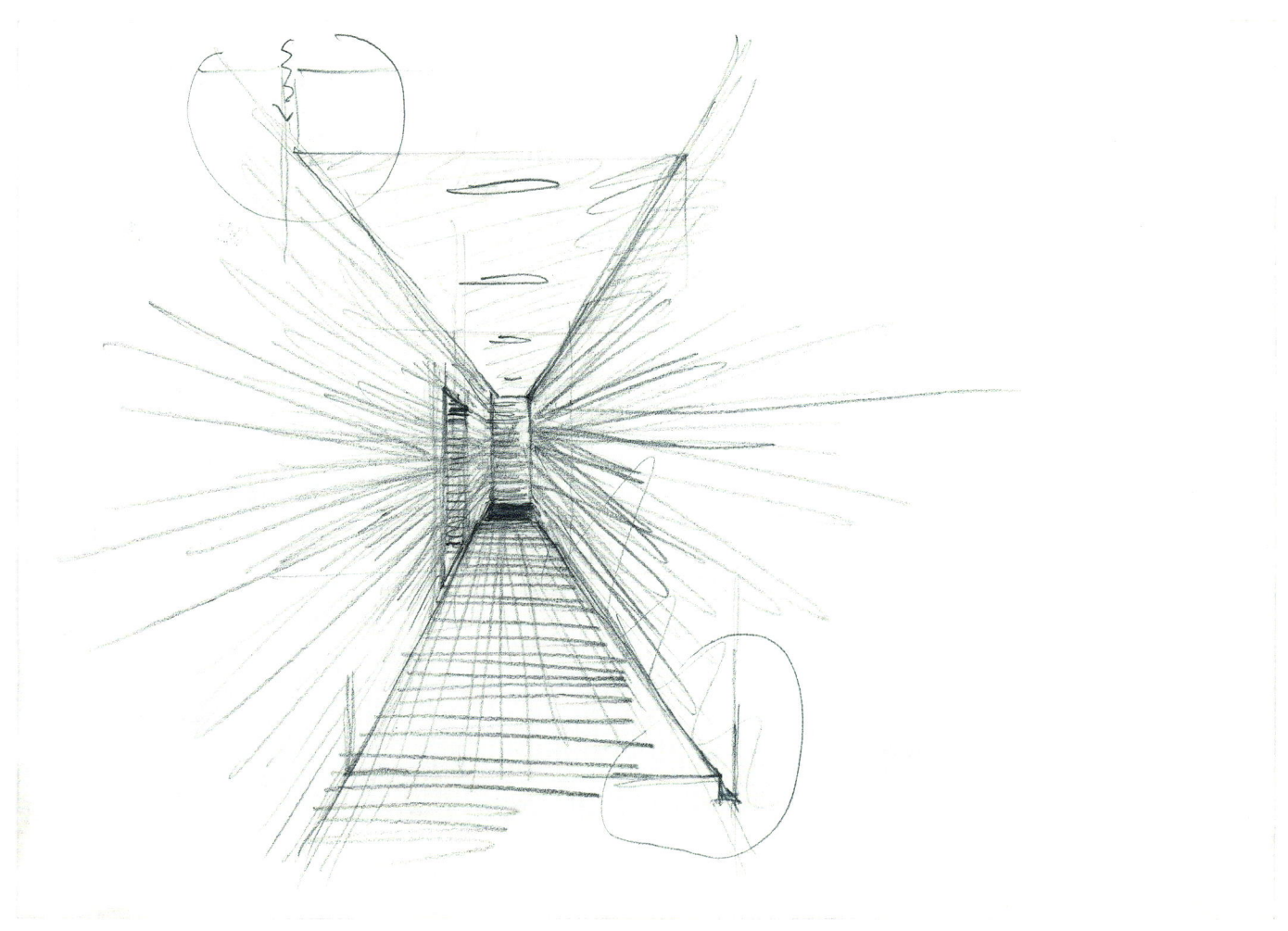

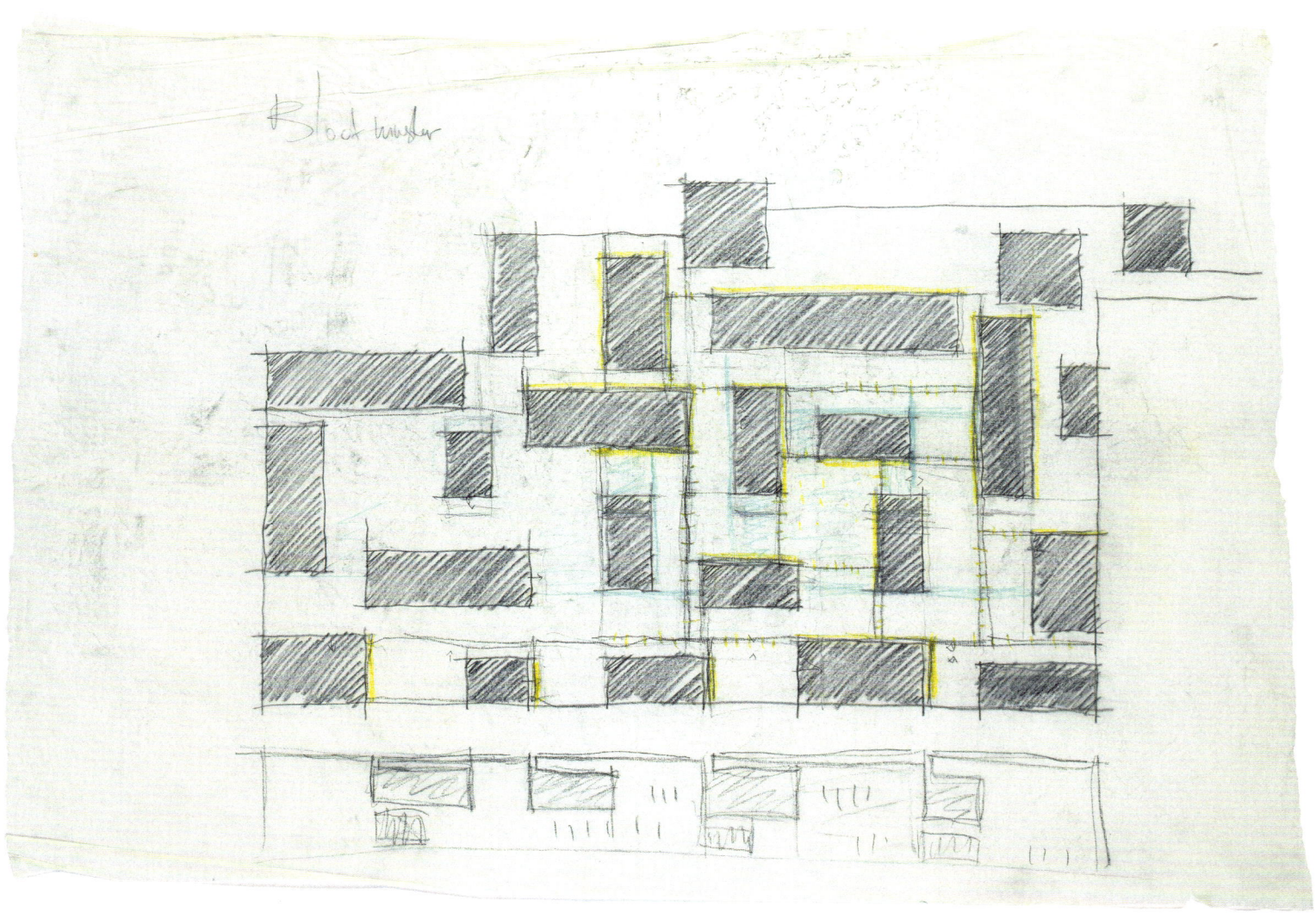

Bodenmuster. So wie zu jedem Block eine Dachplatte gehört, so ist jedem Block auch eine Fussplatte zugeordnet. Diese von uns so genannte «Fussplatte» ist ein aus unterschiedlich breiten Steinplatten zusammengesetztes Rechteck, das auf der Betonplatte des Bodens liegt. Das Muster dieser Rechtecke, dessen Geometrie nicht identisch ist mit dem der Dachplatten, ist im Steinboden des Bades dank der Ausrichtung der Steine, die von Feld zu Feld wechselt, gut erkennbar (siehe Schwarzplan Seite 100): Grosse Felder, durch Fugen getrennt, ein rechtwinklig gearbeitetes Mosaik.

Die Grundrisszeichnung oben untersucht die Beziehung zwischen den Deckenfugen, die bestimmte Wandflächen in Streiflicht setzen (gelbe Linien), und den wasserführenden Bodenfugen (blaue Linien).

In den Bodenfugen fliesst Wasser. Alle Wasserabläufe und Überläufe, die das Bad aus technischen und betrieblichen Gründen braucht, sind in das Linienmuster des Bodenmosaiks eingearbeitet, auch die Beckenüberläufe. Die frühe Skizze, rechts, zeigt die Grundidee: Das Wasser des Beckens läuft über die oberste Stufe der ins Wasser führenden Steintreppen, bildet dort einen Wasserfilm, schwappt über und wird von einer Fuge im Steinboden aufgefangen und abgeleitet (das ausgeführte Fugenablaufdetail ist auf Seite 110 wiedergegeben). Dieses Überlaufdetail hat es uns ermöglicht, einen noch aus der Zeit der Blockstudien und Steinmodelle stammenden Wunsch zu verwirklichen: hochliegende, fast bodenbündige Wasserspiegel in den Becken, keine Schattenränder, die die Wasserflächen einrahmen!

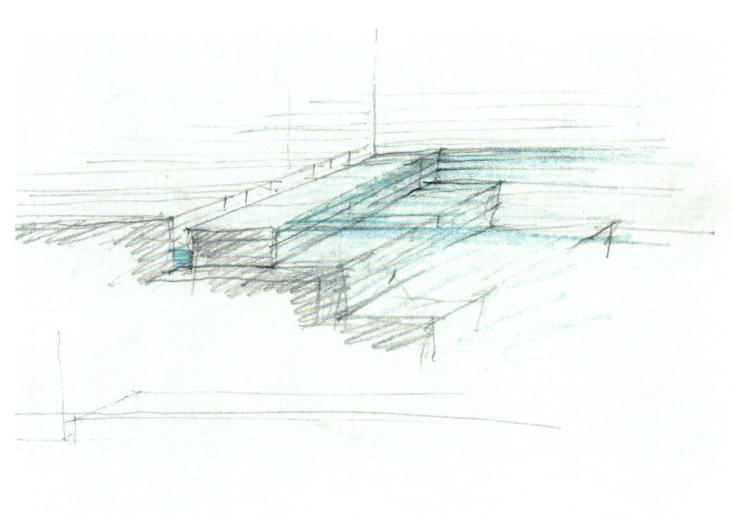

Fugen im Boden. Die Fugen, die die grossen Felder des Bodenmusters unterteilen, erfüllen unterschiedliche Aufgaben. Die Skizze stammt aus der Zeit, als wir daran arbeiteten, die technisch notwendigen Fugen für Wasserabläufe und Gebäudebewegungen in die Linienstruktur des Bodenmusters zu integrieren. Die blauen Linien zeigen die Wasserfugen, Fugen, in denen das Wasser im Steinboden abläuft. Sie gehen im Bodenmuster auf. Die roten Linien zeigen die Fugen des Bodenmusters, in denen kein Wasser fliesst. Meist werden sie von einer gelben Linie begleitet. Die gelben Linien stellen Bewegungsfugen des Gebäudes dar. Entlang dieser Linien sind der Steinboden und die darunterliegende Betonplatte aus konstruktiven Gründen vollständig durchgeschnitten, das heisst, das Bodenmuster ist in diesen Fällen identisch mit einer Bewegungsfuge des Gebäudes. Die roten Linien ohne gelbe Begleitlinie, das sind Reststücke des Bodenmusters, die sich nicht in die technischen Fugengeometrien integrieren liessen. Sie sind durch einen feinen Bleistiftkreis gekennzeichnet.

Mit grossen Modellen, die wir ans Tageslicht setzten, untersuchten wir die Möglichkeiten, mit dem durch die Fugen des Daches eindringenden Tageslicht und dem Wasser im Boden bestimmte Raumstimmungen zu schaffen; wir wollten lernen, die Effekte szenographisch sinnvoll einzusetzen. Und weil wir uns die Luft in der Schattenmasse der mäandrierenden Hohlräume des Bades immer feucht und die Böden aus Stein immer nass vorgestellt hatten, bauten wir unsere Modelle aus Stein oder aus Gasbeton und setzten sie unter Wasser, um die Qualität der Lichteffekte zu studieren, die unter solchen Bedingungen entstehen: Stein und Wasser, Schatten und Licht.

Die Inszenierung des Tageslichtes mit der frei zwischen die Pfeiler des Innenbades gehängten Deckenplatte und den darin ausgestanzten, kleinen Öffnungen zum Himmel ist von den orientalischen Kuppelbädern angeregt. Im Rudas-Bad in Budapest sind die Lichtpunkte farbig, bei uns aus blauem Glas.

Blaues Licht scheint durch vier mal vier quadratische Aussparungen in der Decken-platte über dem *Innenbad* und verleiht Raum und Wasser eine geheimnisvoll schim-mernde Stimmung. Ein orthogonales System von offenen Fugen in der Decke läßt zudem helles Licht über das Mauerwerk fließen. Auf dem **GRASDACH** der Therme, unmittelbar vor dem großzügig gebogenen Haupthaus des Hotelkomplexes, verrät die Einteilung der Felder etwas vom Prinzip der Konstruktion darunter: Um eine qua-dratische Fläche im Zentrum drehen sich in *Windrad*-Anordnung fünfzehn recht-eckige Felder. Auf den Feldern wächst Gras. Die Komposition wird von leuchtenden Glasbändern hervorgehoben, diese decken als beheizte dreifache Horizontalvergla-sung die darunter befindlichen offenen Fugen in der Decke ab. Im zentralen Feld befinden sich vier mal vier quadratische Glasscheiben, sie sind blau auch bei grau-em Himmel. Ihnen zur Seite sind Lampen gestellt, sie stehen wie Glockenblumen mit demütig gesenkten Köpfchen, schauen jeweils in ihre blaue quadratische Platte aus Glas, spiegeln sich darin mit den Wolken. Nachts dürfen sie leuchten und den Gästen auf den Hotel-Loggien das Geheimnis der mit blauen Lichtprismen durchbrochenen Deckenplatte über dem *Innenbad* verraten. *Das blaue Glas nennen wir «Murano-glas»*, schreibt Peter Zumthor: *Es stammt aus Spanien.* Im Winter sind die Dachfelder mit weißen, weichen Schneeflächen gedeckt, die beheizten Glasbänder machen als eingeschnittene Linien die Komposition auch bei tiefem Schnee sichtbar, und die Blumen-Lampen sind in einer Mulde versunken.

Peter Zumthor, Material und Präsenz – Zur Architektur des Bades, in: Hotel Therme Vals (Hg.), Informationen und Preise – 2002/2003, Vals 2002.

Die Thermen im alten Rom entsprechen nicht dem, was heute als Thermalbad definiert wird, es sind zwar alle umliegenden Quellen zur Speisung der Becken genutzt worden, aber auch Regen- und Grundwasser. Ein Thermalbad nach der heutigen Definition hingegen hat eine *natürliche oder künstlich erschlossene Quelle, deren Temperatur mehr als 20°C beträgt*, und gehört zur Kategorie **HEILBAD**, das ist ein *Badeort mit Heilquellen*, also warmen oder kalten Wässern, die *medizinisch nachweisbare krankheitsheilende, -lindernde oder vorbeugende Eigenschaften* haben und also zu *Trink- und Badekuren* geeignet sind. Heilquellen werden nach chemischen und physikalischen Eigenschaften unterschieden: Es gibt Wässer *mit gelösten festen Mineralstoffen*, Wässer *mit einer natürlichen Temperatur von mehr als 20°C* und *mineralarme*, also *reine Quellen*, die *nachweisbare Heilwirkungen haben*. Quer durch alle Kulturen stehen solche Quellen mit Heiligtümern in Verbindung, sind besondere Wasserkultstätten oder Ziel von Wallfahrten geworden.

Das Thermalwasser in Vals ist gleichermaßen zum Trinken wie zum Baden heilsam. Im Jahr 1976, zu einer Zeit, als eine Schweizer Bankgesellschaft sich der verschuldeten Therme angenommen hatte, legte die *Indikationen-Kommission der Schweizerischen Gesellschaft für Balneologie und Bioklimatologie* die Heilanzeigen für das *Calcium-Sulfat-Hydrogenkarbonat-Wasser* fest, das medizinische Spektrum ist nach wie vor umfassend und betrifft *rheumatische Leiden und Entzündungen des Stütz- und Bewegungsapparates, vegetative Regulationsstörungen, stoffwechselbedingte Veränderungen oder Mangelerscheinungen, mechanische Schädigungen nach Unfällen und Operationen, Neuropathien, Erkrankungen von Herz- und Kreislauforganen, Stoffwechselkrankheiten* und vieles andere mehr.

Robert Schwarz, Bad Vals – Festschrift zum 150jährigen Bestehen des Bündnerischen Ärztevereins, Chur 1971. Robert Schwarz, Vals – Valsertal, Bern 1994. Josef Zötl, Johann E. Goldbrunner, Die Mineral- und Heilwässer Österreichs – Geologische Grundlagen und Spurenelemente, Wien 1998.

Schon lange vor Vitruv waren öffentliche Bäder mit Heizungen ausgestattet, er aber hat im zehnten Kapitel des fünften seiner *Zehn Bücher über Architektur* dafür den Begriff *hypocausis* geprägt, und da dieser aus dem Griechischen stammt, scheint auch die Herkunft der Erfindung eindeutig zu sein, trotz unsicherer Quellenlage. Archäologische Ausgrabungen beweisen, daß im alten Griechenland schon im 3. Jahrhundert v. Chr. ausgeklügelte Bodenheizungen existiert haben. *Hypókausis* bedeutet *Unterbrand* oder *Befeuerung von unten*. **HYPOKAUSTEN** sind also Warmluftheizungen, die über Freiräume unter dem Boden heiße Rauchgase verteilen. Nach Vitruvs Beschreibung handelt es sich bautechnisch um ein System von unterirdischen Pfeilern, auf denen der Fußboden aufliegt, die Wirkungsweise entspricht der einer Strahlenheizung: Zwischen den Pfeilern verbreitete sich die heiße Luft, an einer Feuerstelle – dem *praefurnium* – wurde gut vorgetrocknetes Holz ständig nachgelegt. Diese Feuerstelle bediente auch die Warmwasserbereitung für die warmen und heißen Becken. In einem weiteren Schritt entstanden *tubuli*, an die Wand hinter der Verkleidung gemauerte, senkrechte Hohlziegel, wodurch die erwärmte Luft weiter bis nach oben ziehen konnte. Von dieser Wandheizung weiß Vitruv noch nichts, die Archäologie datiert die ersten Funde diesbezüglich auf circa 100 n. Chr. Die technische Entwicklung und die immer größeren Thermen im römischen Reich waren demnach mit einem immensen Holzverbrauch verbunden, bereits in der Antike traten deshalb *Ökokritiker wie Platon und Plinius* auf, sie warnten *vor Bodenerosion und Waldsterben*, so Marga Weber in ihrer ausführlichen Schrift *Antike Badekultur*. Nach und nach wurde das nötige Brennholz aus immer ferneren Provinzen herangekarrt, wo die Wälder zum Teil bis zum heutigen Tag nicht mehr nachgewachsen sind.

Vitruv (Curt Fensterbusch, Übers.), Zehn Bücher über Architektur, Darmstadt 1964. Heinz-Otto Lamprecht, Opus Caementitium – Bautechnik der Römer, Köln 1984. Marga Weber, Antike Badekultur, München 1996.

Sie würde die Baderäume der Therme *nicht ohne Wasser* fotografieren, sagt Hélène Binet, das Wasser sei in diesem Fall *ein wesentliches Material der Architektur*, es ist ein Material, in das man *eintauchen* kann. Es gibt von dem **INNENBAD** und seinen umgebenden Räumlichkeiten diverse Fotoserien von mehreren Fotografinnen und Fotografen, in Farbe oder Schwarzweiß, in vielen Publikationen bereits veröffentlicht oder als Postkarten erhältlich. Ein Vergleich dieser Bilder weist nicht nur auf verschiedene Methoden hin, wie der Raum und das Material mit Hilfe der Kamera erfahren und auf welche Weise diese Erfahrung dargestellt werden kann, er gibt auch verschiedene Charaktere der Architektur wieder. Margherita Spiluttini hat 1997, im Jahr nach der Eröffnung, fotografiert, ihre Aufnahmen inszenieren blau-grüne und braun-rote Farben im Raumbild, das vermittelt nicht nur Stimmung, sondern auch Temperatur. Sie baut ihre Kompositionen nach klassischen Regeln, die Hell-Dunkel-Werte stehen im Gleichgewicht zueinander, die Linien und Konturen parallel zum Rand. Sie sucht einen Rahmen im Bild, ordnet Ebenen und Flächen in die Tiefe, konzentriert sich auf eine vertikale Achse, die aber nicht immer mit der mittleren Achse des Bildausschnitts übereinstimmt, das ergibt eine Symmetrie im ursprünglichen Sinn von Ausgewogenheit. Die Handläufe und Haltestangen aus Messing oder Bronze begleiten *wie Schmuckstücke* die Stufen ins Wasser.

Jede Fotoserie zeigt das Entwurfskonzept gewissermaßen unter einem anderen Aspekt. Eine Vorstellung beim Denken von Architektur ist für Peter Zumthor *von Anfang an dabei*, nämlich zunächst *das Gebäude als Schattenmasse zu denken* und dann *Licht einsickern zu lassen*. Seine Absicht in einem nächsten Schritt ist, *die Materialien und Oberflächen bewusst ins Licht zu setzen und dann zu schauen, wie sie reflektieren*. Derartige Reflexionen sind das Thema der Schwarzweiß-Kompositionen von Hélène Binet, auch sie hat 1997, in einer ihrer ersten Fotoserien zur Therme Vals, das Bauwerk, seine Räume und seine Umgebung fotografiert. Sie sucht in ihren Aufnahmen das Detail und die Tiefe, die Nähe und die Ferne, sie versucht beides in einem Bild zu vereinen. Sie macht das durch Fugen und Öffnungen einströmende Tageslicht zum wesentlichen Gestaltungselement, sie läßt das Licht tief ins Wasser glänzen und auf das in die Höhe strebende Mauerwerk streifen- oder kegelförmige Lichtsäulen zeichnen. Ihre Kamera geht nahe und noch näher hin, schaut dem Stein in seine Augen, zeigt das, was die Menschen liegen lassen, Badetücher zum Beispiel, oder hinterlassen, so die dunklen Spuren von nassen Fußabdrücken: *Die Badenden nehmen das Wasser mit, wenn sie das Becken verlassen, und erzeugen so temporäre, unerwartete Muster auf dem Boden.*

Die Fotos informieren: über die Stimmung, über das Licht, sogar über den Klang. *Jeder Raum funktioniert wie ein großes Instrument, er sammelt die Klänge, verstärkt sie, leitet sie weiter* – schreibt Peter Zumthor. Etwas von diesem Klang hat Hans Danuser in seiner Fotoserie aus dem Jahr 2000 festgehalten, Valser-Stein-Grau, der Raum scheint in seiner Rolle als Resonanzraum dargestellt zu sein, hier wird deutlich, daß der Raum gewissermaßen tönt: im Rhythmus des Mauerwerks, im Gleichklang der quadratischen Oberlicht-Aussparungen in der Decke, im Dreiklang der Stufen. Diese Fotoserie präsentiert das *Innenbad ohne Wasser*, der Raum erscheint wie eine leere Bühne, wie ein Kulissenbild, Stiegen treten auf und ab, Ecken lassen schmale Spalten offen, der Raum stellt sich selbst dar, zeigt, was er alles kann. Einige Male in der Saison werden *in der Therme* musikalische Abendveranstaltungen geboten, dann sind das Umwälzsystem und die Lüftung ausgeschaltet: *Ohne Wasser wird das Innenbad zum Konzertsaal mit vier Treppentribünen. Hier verbindet sich der Streicher- mit dem Beckenklang, hier springen die Akzente von Wand zu Wand, von Boden zu Decke* – schreibt Annalisa Zumthor. Als Direktorin im *Hotel Therme* seit 1999 organisiert sie für ihre Gäste ein vielseitiges Kulturprogramm und redigiert eine hauseigene Publikation, die zweimal jährlich unter dem Titel *Stein und Wasser* erscheint. Während des Badebetriebs scheint sich die Therme dem Verhalten der Menschen anzupassen: Sind diese laut, dann verstärkt sie den aufgeregten Schall in alle Richtungen, sind sie leise, dann strahlt aus ihren Oberflächen besinnliche Ruhe.

Peter Zumthor, Atmosphären – Architektonische Umgebungen – Die Dinge um mich herum, Detmold 2004. Annalisa Zumthor, in: Hotel Therme Vals (Hg.), Stein und Wasser – Kultur Winter 2004/05, Vals 2004.

Neben den Eingängen zu den Badebereichen in den einzelnen *Blöcken* ist in zarten Messingziffern an der Wand die zu erwartende Wassertemperatur angegeben. Beim Verlassen des *Feuerbades* lockt gegenüber die Aufschrift *14°*, der Eingang ins **KALTBAD** ist um eine Ecke gelenkt, sieben Stufen nach unten lassen in das Wasser tauchen, der Raum ist schmal und hoch, die Betonwand blau eingefärbt, die Kiesstruktur im Boden mehrfarbig. Das Blau steht symbolisch für Kälte, Wasser, Luft und das Unendliche. Das Wechselbad zwischen den Heißwasserwannen im Caldarium und den Kaltwasserbecken im Frigidarium war in den römischen Thermen der Inbegriff für Gesundheit und Vergnügen, für Entspannung und Erfrischung in der Gemeinschaft. Das Untertauchen im fließenden Wasser der jüdischen Mikwe ist hingegen Reinigung als Voraussetzung für wiederkehrendes Leben. Der legendäre Jungbrunnen im Mittelalter ist ein Wasser, dem die Menschen, so sie bereits gealtert sind, verjüngt entsteigen. Das *Kaltbad* in der Therme Vals läßt aufgrund seiner Raumdimensionen das frische Erlebnis einzeln erfahren, der Kälteschock läßt sich also ungeniert und individuell äußern, dementsprechend heftig gurgelt es in der Überlaufrinne, diese ist wie bei den anderen Becken in die oberste Stufe integriert.

Marga Weber, Antike Badekultur, München 1996. Françoise de Bonneville, Das Buch vom Bad, München 1998.

GRUNDRISSENTWICKLUNG: DER MÄANDER Das grosse Feld der Blöcke aus Stein bestimmt den Grundriss des Bades. Zwischen den Blöcken liegt ein mäandrierender Freiraum. Die Blöcke selber sind hohl. Sie enthalten Kavernen, bergen Innenräume, die man benutzen kann. Diese Grundidee war von Anfang an da. Das heisst, die architektonische Komposition hält für die Benutzer des Bades zwei Arten von Räumen bereit: Den Raum zwischen den Blöcken, weitläufig vernetzt, der alles umfliesst, und introvertierte Räume in den Blöcken selber: intim, fast wie Verstecke, ein bisschen geheim. Das Setzen von Blockgewichten und Weben von räumlichen Strukturen war im Hintergrund immer gelenkt und inspiriert von der Vorstellung, diese Räume für die Rituale des Badens zu nutzen.

Den freien Raum zwischen den Blöcken, der das ganze Gebäude durchfliesst und alles verbindet, nannten wir Mäander. Aus kompositorischer Sicht betrachtet, ist der Mäander, der Leerraum zwischen dem Vollen der massiven Blöcke aus Stein, ein gestalteter Negativraum. Die Arbeit an Form und Anordnung der Blöcke war immer auch Arbeit am Verlauf und an der Form des Mäanders.

Für die Gäste des Bades ist der Mäander ein grosser, gemeinsamer Freiraum, in dem man sich bewegt. Die Struktur dieses Raumes ist gewebeartig. Die räumlichen Passagen sind weit verzweigt und ineinander verschlauft. Sich in diesem Raum bewegen, heisst entdecken. Man geht wie im Wald. Jede sucht sich ihren, jeder sucht sich seinen eigenen Weg.

Im Mäander erlebt man das Bad. Der Mäander empfängt mich in engen Passagen auf der Bergseite, er führt mich in die mit Holz ausgeschlagenen Umkleidestuben, wo ich meine Alltagskleider zurücklasse und mich in einen Badegast verwandle; er führt mich hinaus auf die steinerne Galerie, wo ich neugierig werde auf das, was sich vor mir und unter mir ausbreitet, und er verführt mich zum freien Schlendern und Entdecken in der Landschaft der Blöcke und Becken. Dabei bewege ich mich von der Bergseite zur Talseite, vom Schatten ans Licht, von nach innen gerichteten Passagen zu den grossen Ausblicken auf der Talseite des Gebäudes, wo die Blöcke sich auf eine lange Linie ausrichten und mir Überblick und Ausblick gewähren. Gerahmte Landschaft. Der Hang auf der gegenüberliegenden Talseite, die Landschaft, dringt in das Gebäude ein. Man sieht grosse, ruhige Bilder.

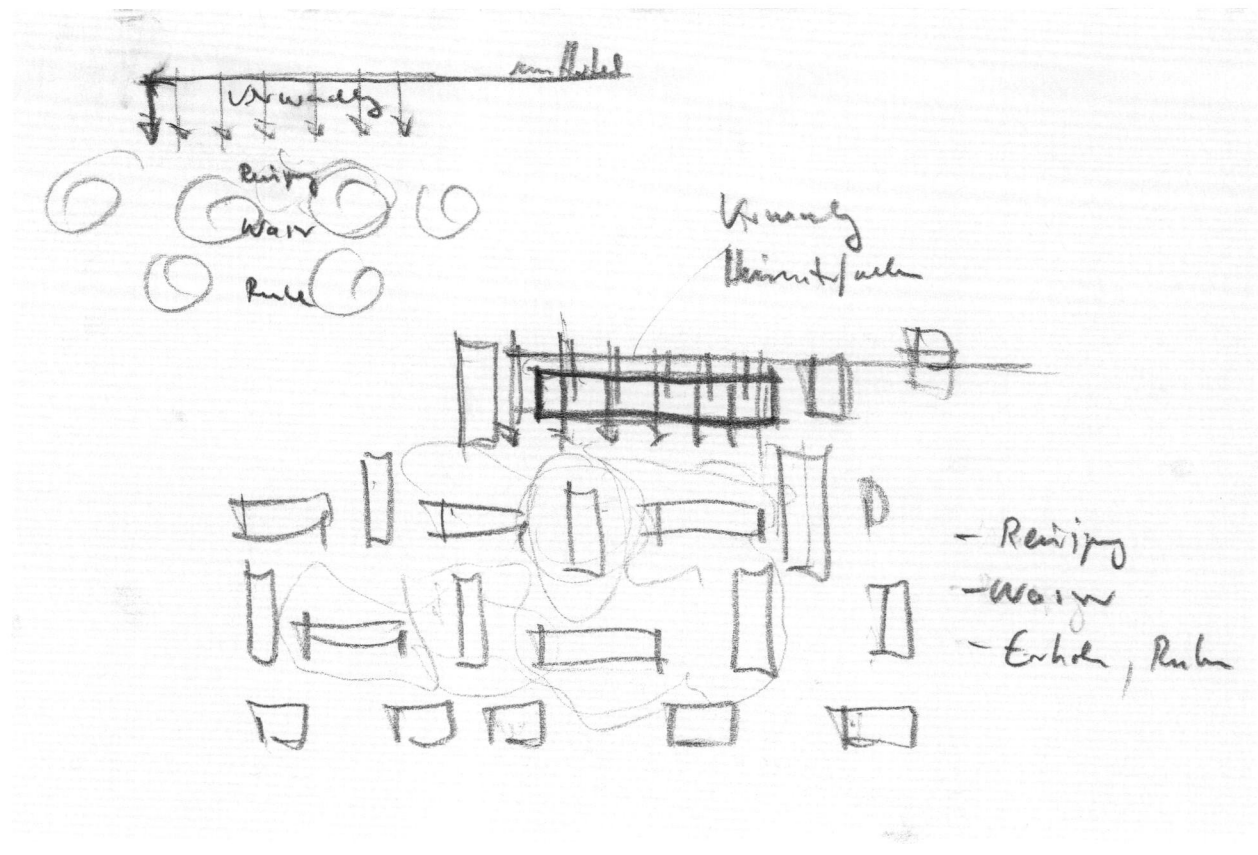

Die links abgebildete Skizze von Rainer Weitschies zeigt das Konzept der Bewegungsabläufe: räumliche Engführungen im Eingangsbereich auf der Bergseite, Zonen der Einstimmung. Nun folgt der Bereich der Verwandlung: Man betritt das Innere eines Blockes, eine Um-kleidestube aus rotem Holz empfängt mich und entlässt mich später als Badegast auf den Punkt des ersten Überblickes auf die Stein-galerie. Anschliessend folgt die Zone des freien Schlenderns in der Landschaft der Becken und Blöcke, die man über die lange «Felsentreppe» erreicht. Am untern Rand des Gebäudes schliesslich befinden sich die ruhigen Bereiche zum Liegen und Schauen.

Die Zeichnung auf der Doppelseite 78/79 zeigt ein im «Windrad-prinzip» gewirktes Stück Raumgewebe zwischen den Blöcken, die oben abgebildete Studie das «Reissverschlussprinzip»: wechselseitig verschränkte Freiräume zwischen den Blöcken entlang der abschliessenden Bewegungsachse an der Vorderkante des Gebäudes.

Der freie Raum zwischen den Blöcken, ein vielfältig mäandrierendes Raumkontinuum wird durchpulst von einem ruhigen Rhythmus, der zum Gehen und Verweilen einlädt. Räume schliessen sich, Räume öffnen sich.

kunmittelgeschoss

Die Serie von Skizzen auf dieser Seite untersucht die räumlichen Sequenzen vom Eintritt ins Bad bis zum ersten Punkt des Überblicks auf der Galerie. Geführte Bewegungen in der Steinmasse, wechselndes Licht von oben.

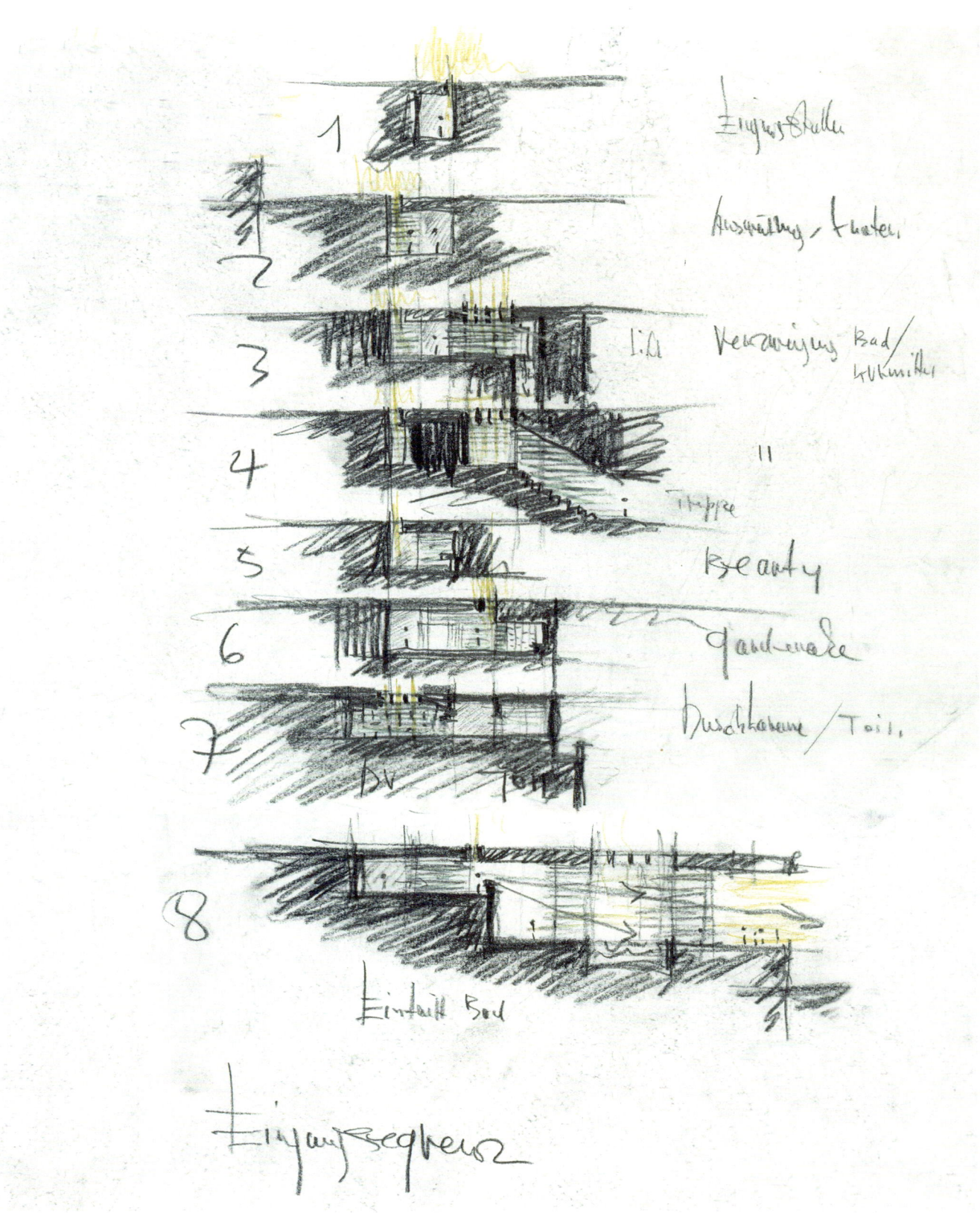

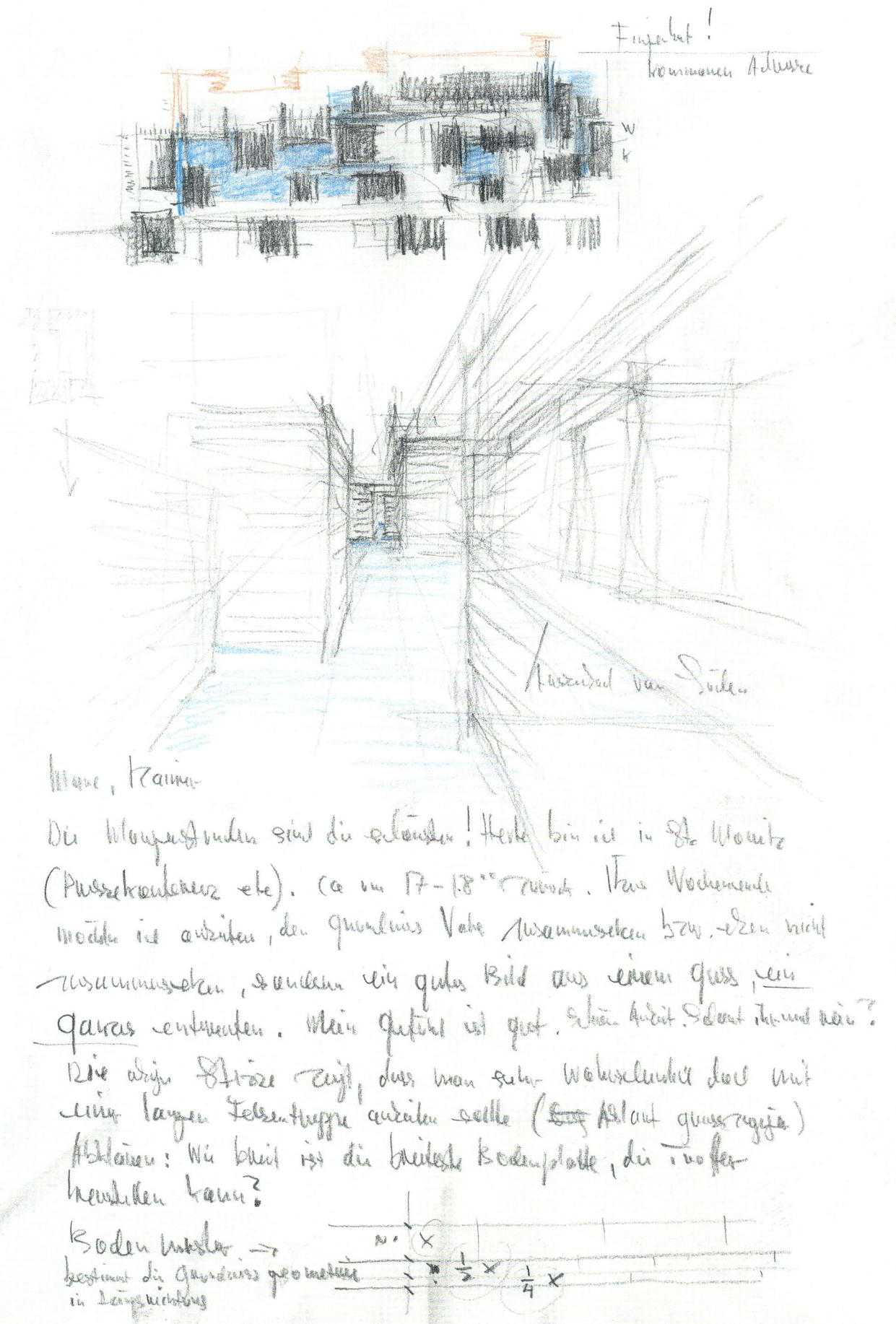

Marc, Rainer

Die Morgenstunden sind die schönsten! Heute bin ich in St. Moritz
(Pressekonferenz etc). Ca. um 17 - 18⁰⁰ zurück. Dieses Wochenende
möchte ich arbeiten, den ganzen Vortrag zusammensetzen bzw. ihn nicht
zusammensetzen, sondern ein gutes Bild aus einem Guss, ein
ganzes entwerfen. Mein Gefühl ist gut. Schön, nicht? Scheint immer mir?
Die obige Skizze zeigt, dass man sehr wahrscheinlich doch mit
einer langen Felsentreppe arbeiten sollte (Ablauf ganz ruhig)
Ablösen: Wie breit ist die breiteste Bodenplatte, die man her-
herstellen kann?

Boden Unterbau →
bestimmt die Grundriss geometrie
in Längsrichtung

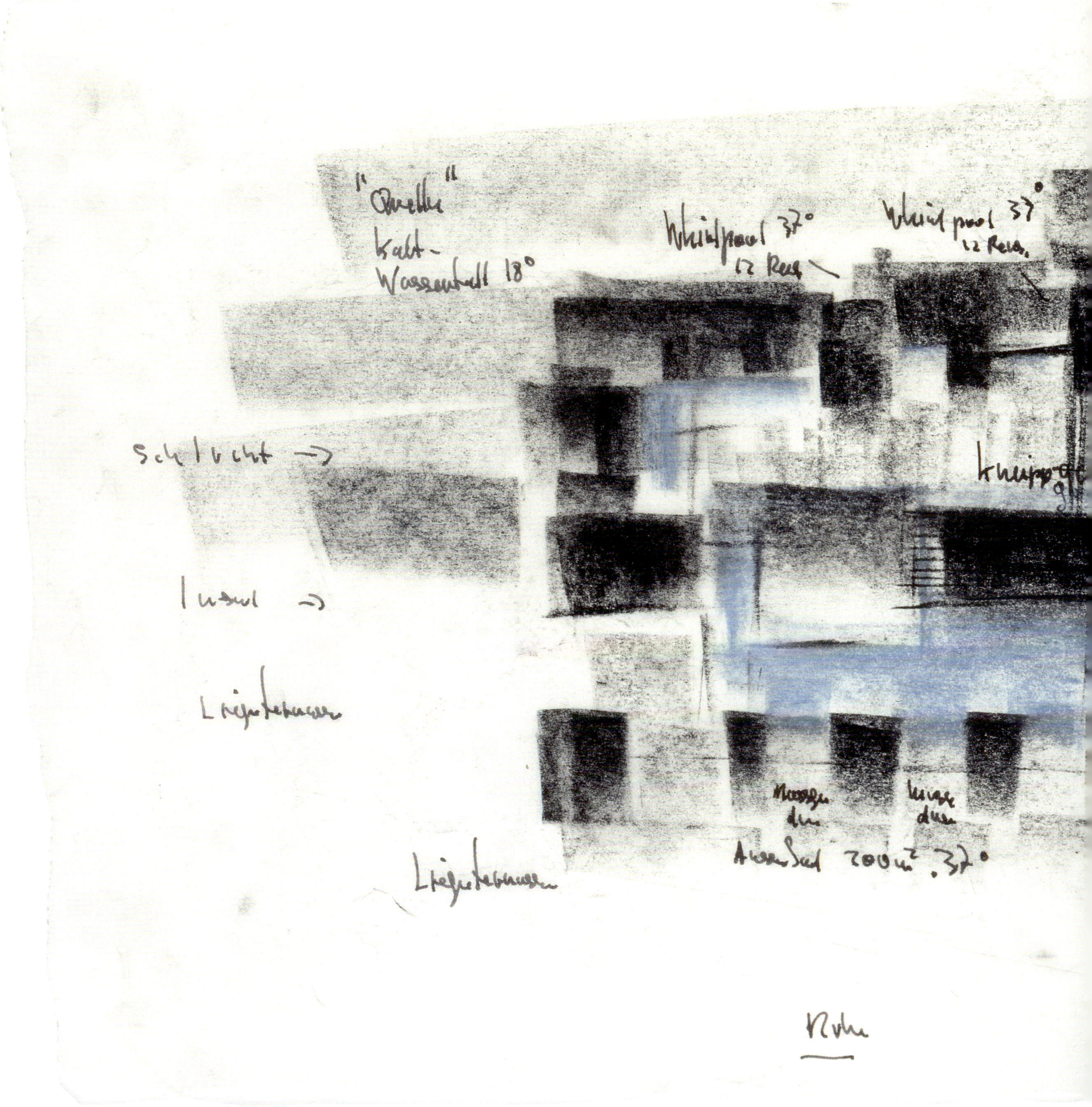

"Quelle"
kalt-
Wasserfall 18°

Whirlpool 37°
12 Reus

Whirlpool 37°
12 Reus.

Schlucht →

Insel →

Liegeterrassen

Massage
du

kneipp
du

Liegeterrassen

Wasserbad 200m² 37°

Ruhe

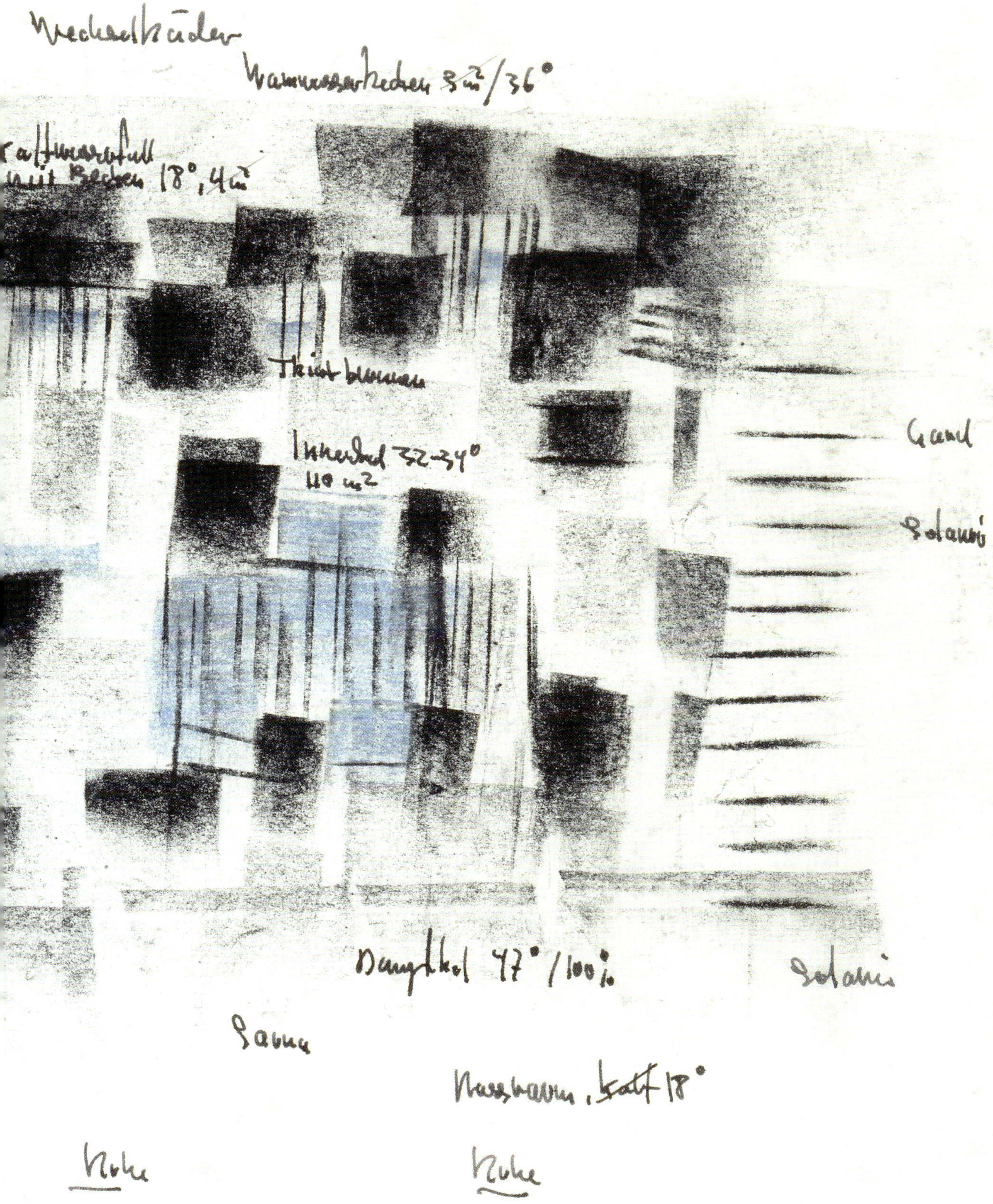
Warmwasserbecken 3m²/36°
mit Becken 18°, 4m²
Trinkbrunnen
Innenbad 32–34°
40 m²
Gang
Dampfbad 47°/100%
Sauna
Ruhe
Ruhe

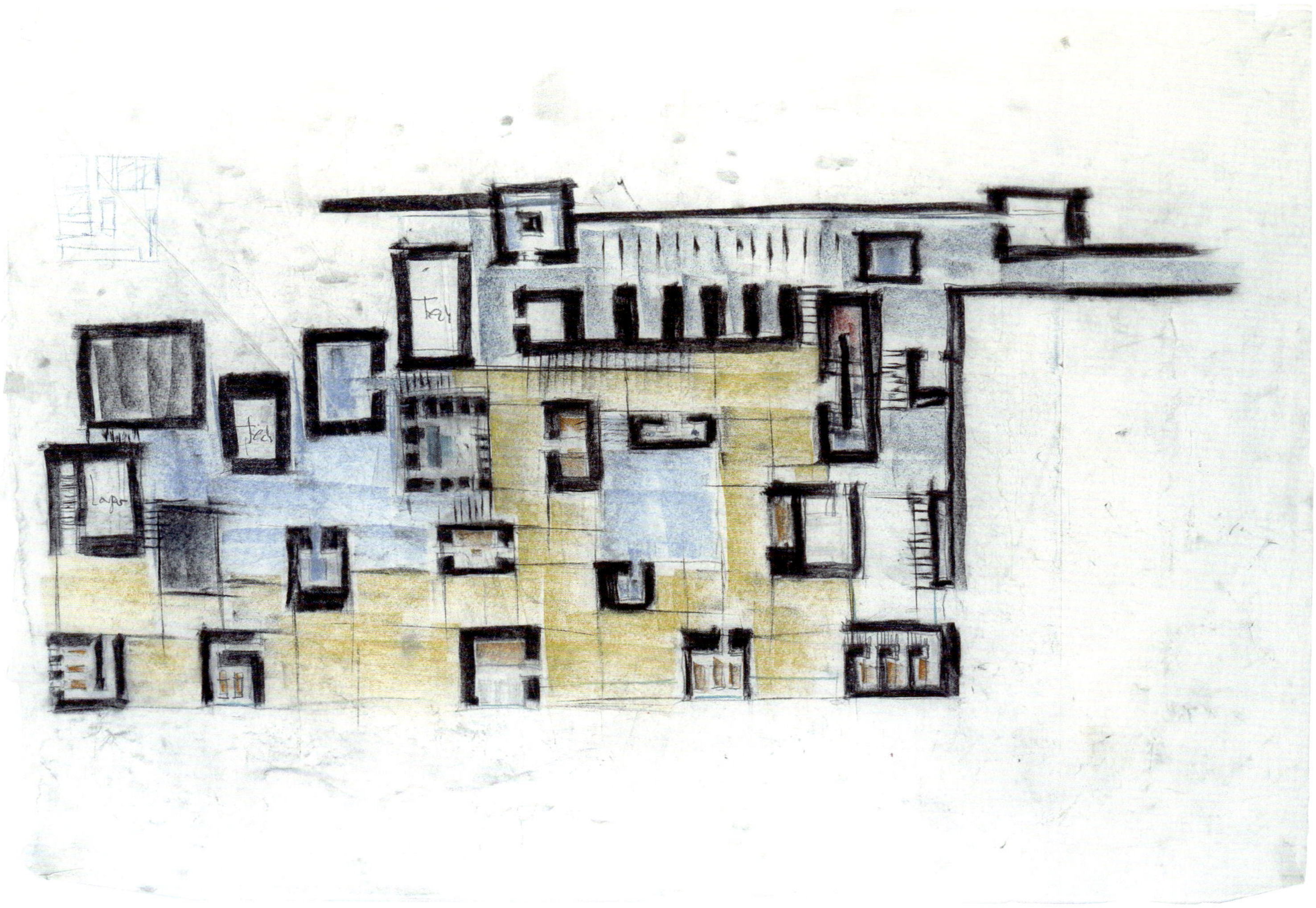

BADEKULTUR Unsere Entwurfsphilosophie war von Anfang an auch eine Badephilosophie. Schon in den frühen Skizzen nisten sich erste Angebote und Einrichtungen zum Baden wie zur Probe in den Blocklandschaften ein: Wasserbecken, Wechselbäder, eine Abfolge von warmen und kalten Güssen im Rücken des Hanges, Wasserfälle, Rinnen …

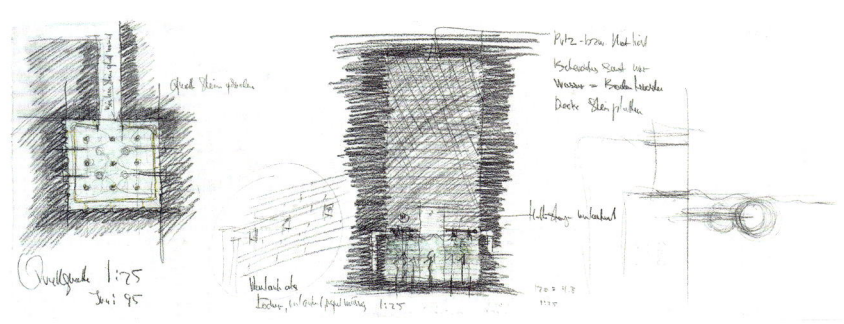

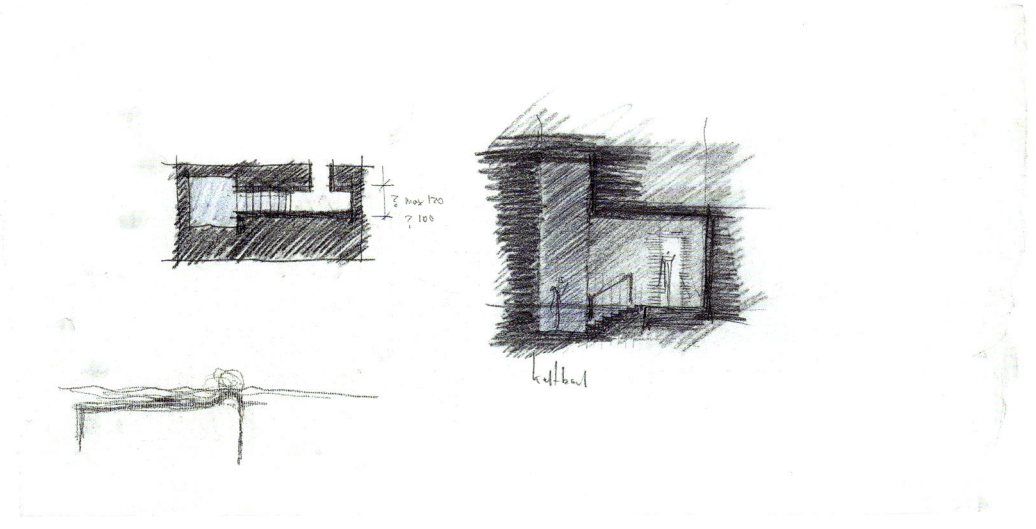

Das Aushöhlen der Blöcke, das Zuordnen, Suchen und Finden von Badeerlebnissen, das Erfinden von Höhlungsformen und entsprechenden Nutzungen zum Vergnügen der Badenden war ein wichtiger Teil der Entwurfsarbeit. Dabei hat uns die Vorstellung, die wir im Verlaufe der Arbeit immer konkreter zu formulieren vermochten, geleitet, dass es ein Vergnügen sein müsste, Wasser in verschiedenen Temperaturen und verschiedenen räumlichen Situationen zu erleben, in räumlichen Situationen mit unterschiedlichem Licht, unterschiedlicher Farbe, unterschiedlichem Klima und Material, unterschiedlichem Klang; Stein und Wasser zu erleben, nahe am Körper; eintauchen ins Wasser zur Entspannung, als Ritual. Reinigung. Ruhe. Gelassenheit. Keine lauten Attraktionen, Verzicht auf vorlaute Anregungen, um den eigenen Körper in feinen Nuancen zu spüren.

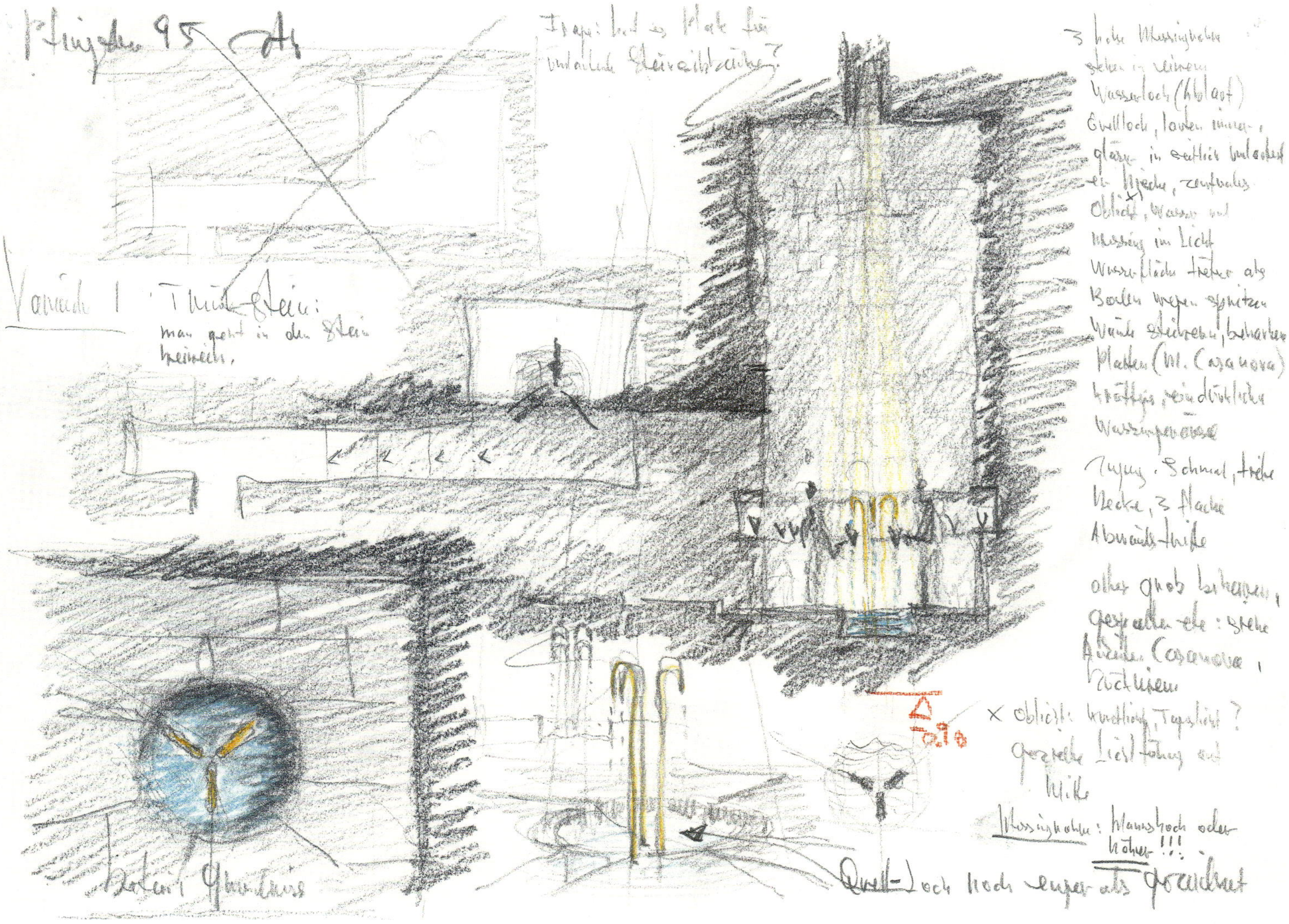

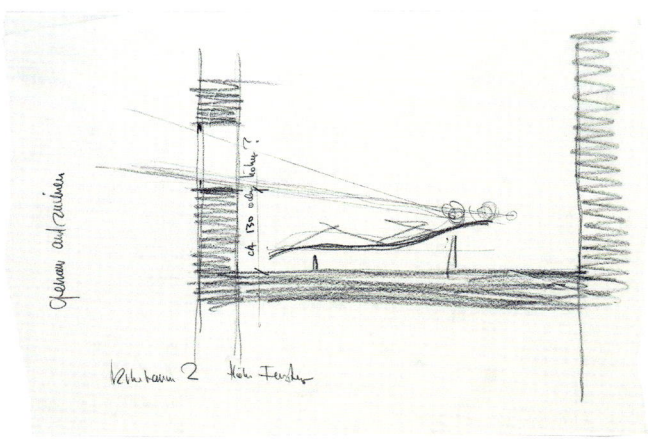

So war die Arbeit am architektonischen Entwurf auch immer Nachdenken über die Kultur des Badens. Die Architektur, die wir Schritt für Schritt entwickelten, hat uns inspiriert, das Erlebnis des Badens neu zu sehen, neue Angebote und Formen zu finden, bestimmte Dinge wegzulassen, auf ursprüngliche Formen zurückzukommen. Umgekehrt hat die Auseinandersetzung mit der Kultur des Badens unsere Architektur beeinflusst. Diesen Weg beschritten wir, begleitet von der Gruppe von Valser Bürgern, die im Auftrag der Gemeinde für den Bau zuständig war, mit einer gewissen Offenheit und Radikalität. Er führte uns schon bald über den Rahmen des vorgegebenen Raumprogrammes hinaus. Vom Raumprogramm hatten wir die grundlegende Setzung übernommen, ein Innenbad und ein Aussenbad zu schaffen; alles andere stand zur Diskussion, denn wir versuchten, für das Valser Bad eine besondere Kultur des Badens zu finden. An einem bestimmten Punkt dieses Prozesses läuteten die von der Gemeinde für die Entwicklung und Vermarktung des

Schnitt 1   1:50 Zth   30.8.95
31.

Schnitt 4   Zth 31. Aug. 95   1:50

Bades bestellten Spezialisten die Alarmglocke. Sie sagten, das Bad werde zu elitär und gewagt, spreche nur eine exklusive Schicht der Gesellschaft an und drohe darum zum wirtschaftlichen Fiasko zu werden. Die Valser wollten jedoch mit uns Architekten auf dem eingeschlagenen Weg weiterfahren. Die Spezialisten verliessen das Team. So konnten wir die verschiedenen Bäder, den Trinkstein, die Schwitzsteine, das Blütenbad, die Klangräume, die Umkleidestuben und all die vielen andern kleinen und grossen Dinge erfinden und bauen, die die Therme Vals ausmachen, ohne Kompromisse machen zu müssen.

Erinnerungen. Die ersten Vorstellungen über das Ritual des sich Reinigens und Badens und das wechselseitige Reagieren von Ort, Architektur und Badekultur hatten wir, was die Badekultur betrifft, theoretisch formuliert: Ideen, Wünsche, Träume. Aus Büchern und Filmen kannten wir einiges. Aus eigener Anschauung wenig. Später

erst, die Fundamente des untersten Technikgeschosses waren schon erstellt, besuchte ich türkische Bäder in Budapest, Istanbul und Bursa. Von diesen Reisen habe ich die langen Steintreppen mitgebracht, die anstelle von geraden Beckenrändern mit breiten Stufen ins Wasser führen. Auf ihnen findet der Körper immer eine gute Höhe und Position. Den Reisen zu den Bädern des Ostens verdanke ich auch meine Kritik an den technischen Umkleidesituationen in unseren modernen, westlichen Bädern, die uns dazu führte, Umkleidestuben zu erfinden: unsere mit Holz ausgeschlagenen Vestibüle. Der grosse Kuppelraum des türkischen Bades, wo ich empfangen werde, mich entkleide, wo ich mich nach dem Bade ausruhe und entspanne, wo ich Tee trinke und Gespräche führe, hat uns dazu angeregt, den Ort des sich Entkleidens entsprechend unserer eigenen kulturellen Voraussetzungen stimmungsvoll zu gestalten.

Ein Foto zeigt auf besondere Weise das ästhetische Potential der in drei Stärken geschichteten Valser Steinplatten: Die Kamera scheint unmittelbar über dem Wasserspiegel zu schweben, versucht den Raum und seine Konturen zu fassen, doch gerade daran muß das Bild scheitern, denn nur das persönliche Erlebnis erinnert die tatsächlichen Dimensionen. Es zeigt aber andere Besonderheiten, die erst in der fotografischen Darstellung auffälliger werden, so die Verarbeitung des Steins. Zwar ist er wie in den anderen Räumen geschichtet, im Unterschied zu diesen sind hier jedoch die einzelnen Platten an den Kanten gebrochen belassen. Henry Pierre Schultz hat ab 1997 und bereits vorher in der Bauphase einzelne Innen- und Außenräume der Therme Vals fotografiert, hat den Ort und seine Bauten, die Landschaft und ihre Formationen, die traditionelle Architektur und ihre Materialien aufgenommen, es sind verschiedene Postkartenserien entstanden, und eine der beliebtesten Ansichten ist eben das Foto vom sogenannten **KLANGBAD**: Die aktuelle Thermen-Beschreibung definiert es näher als *Resonanzraum*, die Beschriftung auf publizierten Plänen nennt es *Quellgrotte*, auf Bauplänen *Ruhegrotte*, der Raum hat vermutlich sich nicht schon im Konzept für seine Besonderheit entschieden, das Bild aber macht den Bezeichnungen Ehre. Über Stufen hinab ins Wasser und zweimal um die Ecke erfolgt der Weg in diesen 2,6 Meter breiten, im Grundriß quadratischen und sechs Meter hohen Bereich. Der Ein/Austritt kann nur einzeln erfolgen, denn der Durchgang ist niedrig und schmal, von einer einzigen Steinplatte gedeckt und nicht einsehbar von außen. Polierte Schichten begleiten noch durch die Wände des Durchgangs, dann öffnet sich oder besser umschließt der Raum, Steinschicht um Steinschicht ist an der Kante gebrochen bis oben, manche Schichten wölben sich eher konvex an ihrer Bruchstelle, andere eher konkav, den natürlichen Bruchlinien gehorchend, eine Messingstange begleitet rundum eine Linie knapp oberhalb des Wasserspiegels, Licht scheint aus dem Grund des Wassers und aus der Mitte der Betondecke, an der Stange lehnen die Badenden und schauen nach oben, denn der schlanke hohe Raum zieht den Blick empor, auch weil von oben ein Gesang, ein Summen, ein Klingen zu tönen scheint, vom mehr oder weniger geübten Chor der Anwesenden nach den Gesetzen der Schallausbreitung geleitet und über die verschiedenen Brechungswinkel an den Wänden bis zur Decke getragen und reflektiert. Bestimmte Frequenzen und deren Obertöne werden in der Reflexion zwischen den parallelen Wänden durch Überlagerung verstärkt und ergeben einen volleren Klang, die eigene Stimme als Tonquelle regt sozusagen die Eigenresonanz des Raumes als Hohlraumresonator an und scheint folglich anderswoher zu kommen und eine fremde Stimme zu sein.

Das Foto verrät dergleichen Geheimnisse nicht, ebensowenig deren Ursache, aber in Betrachtung der strahlenden Lichter auf dem blau schimmernden Wasserspiegel meine ich mich an die Töne zu erinnern, meine auch erneut die Schwingungen einer Maultrommel zu vernehmen, die in diesem akustischen Raum auf unbegreifliche Weise bei sich geblieben sind, das heißt in ihrer eigenen Resonanzhöhle zwischen Zunge und Wangen, und nicht in die Höhe haben steigen wollen: Der Raum als musikalisches Instrument, hier als Resonanzkörper für Frequenzen nicht einer Maultrommel, aber des Gesangs, erklingt so wie eine gedeckte, also oben durch einen Deckel oder Stopfen verschlossene Orgelpfeife, nach barocken Begriffen *gedackt* genannt, die in solcher Bauweise ihren Ton eine Oktave tiefer hören läßt, was in anderen Worten für dieselbe Tonhöhe doppelte Länge verlangte, bliebe sie oben geöffnet. Dieses Erlebnis war nicht von vornherein konzipiert. Damit dieser Raum in seiner Abgeschlossenheit bleibt, ist er nicht einsehbar von außen, was in der Planungsphase den Experten für Gebäudetechnik einige Überlegungen sicherheitstechnischer Art abverlangt hat, fallweise wahrnehmbar über den Geruchsinn: Während nämlich in allen anderen Becken die bakteriologische Reinigung mittels Ozon erfolgt, im Bereich der Zuläufe an Gasblasen und Trübung des Wassers erkennbar, wird die *Quellgrotte* beziehungsweise das *Klangbad* aus Sicherheitsgründen mit Chlor behandelt, denn es könnte sonst geschehen, daß auf Grund eines Irrtums die Menge an Ozon überdosiert würde und also der Bademeister die eine oder andere von plötzlichem Schwindel oder Übelkeit befallene Person in diesem nicht-einsehbaren Raum nicht entdeckte.

Richard Murray Schafer, Klang und Krach – Eine Kulturgeschichte des Hörens, Frankfurt am Main 1988. Friedrich Jakob, Die Orgel – Orgelspiel und Orgelbau von der Antike bis zur Gegenwart, Bern 1977.

Es ist ein Raum von hoher Künstlichkeit, sagt Peter Zumthor, der Eingang führt in die mittlere Achse an der Längsseite des Blocks, nach links und rechts öffnet sich jeweils ein Raum, besser gesagt eine Koje, in der Dunkelheit eine Liegebank mit Lederbezug, am Boden ein Holzrost, die textile Wand gibt nach: Im sogenannten **KLANGSTEIN** sind die Geräusche draußen wie ausgeschaltet, und ein wie von Ferne immer näher klingender Ton weckt zusammen mit der Dunkelheit den Gehörsinn. *Wanderungen*, so heißt die Installation des Komponisten Fritz Hauser, sie ist 1996 mit Klangsteinen des Bildhauers Arthur Schneiter für diesen Raum komponiert worden: *Alle Klänge stammen von in Schwingung versetzten Steinen* – so wird vor dem Eingang auf einer kleinen Messingtafel erklärt. Nach Angaben von Heiltherapeuten seien die Vibrationen von *steinernen Klängen* mit dem ganzen Körper wahrnehmbar und also wie eine Tiefenmassage wirksam.

Fritz Hauser, sounding stones Therme Vals (CD und Booklet), Vals 2000.

Vieles hat sich geändert im Lauf der Entwurfsentwicklung, die *Tisch-Konstruktion* aber hat bereits in der Anfangsphase existiert, ebenso die *hängende Sonderplatte* über dem *Innenbad*: Letztlich ist jeder *Block* mit einer Bodenplatte verbunden, mit dieser bündig an einer Seite, er trägt eine Deckenplatte, mit dieser bündig an einer anderen Seite, asymmetrisch kragt sie an den drei übrigen Seiten aus. Die Deckenplatte über dem *Innenbad* hingegen ist in den nachbarlichen Deckenplatten eingehängt, viermal vier blaue Lichtprismen, die ihr Geheimnis nicht gleich verraten, lassen sie höher schweben, lassen die Blicke der Badenden emporstreben, und diese Mutprobe der **KONSTRUKTION** läßt rätseln über ihre Haltepunkte und läßt sich verwundert bewundern.

Der gesamte Baukörper erstreckt sich über eine Breite von circa 58 Metern und steckt bis zu 34 Meter im Hang vor dem Haupthaus des Hotelkomplexes, einem Bau aus den 1970er Jahren, der in einem großzügigen Bogen an der nordöstlichen Ecke des Grundstücks steht und aus vier Loggien-Reihen auf das Grasdach der Therme schaut. Es sind fünfzehn Steinquader in Größen von drei bis fünf Metern Breite und sechs bis acht Metern Länge, die jeweils einen Teil des Daches tragen. Sie sind auf einem strengen, rechtwinkligen Raster komponiert und stehen wie Monolithe, zueinander gedreht nach dem System eines *Windrades*. In den Flächen dazwischen findet Bewegung statt – an den Gängen, auf den Stufen, in den Wasserbecken, es stehen die *Blöcke* also so, daß sie zum Beispiel in *Windrad*-Anordnung zu viert das *Innenbad* begrenzen, dazwischen schreiten die Stufen ins Wasser hinab oder aus dem Wasser heraus, es steht so ein *Block* also einerseits souverän auf dem Trockenen, begrenzt Ruheräume und definiert Bewegungsflächen, und er sinkt andererseits in die Tiefe, besser gesagt steigt aus der Tiefe empor. Diese *Blöcke* sind die tragenden Pfeiler für die Deckenplatten aus Beton, von denen einige über sechs Meter auskragen. Die parallel zum Tal verlaufende Ostfassade verrät, mit welcher Anspannung diese Decken die Last ihres Gewichts und das des Dachaufbaus halten, sie verrät aber nichts über die gewaltigen Vorspannungen im Inneren der Platte und über welche Zugkräfte die Spannungen über die Pfeiler in die Bodenplatte umgelenkt werden. Die Deckenplatten berühren sich nicht, die Fugen dazwischen betragen sechs Zentimeter, sie gewährleisten die nötige Bewegungsfreiheit der gewichtigen Körper.

In ihrem *Innenleben* bergen die *Blöcke* intime Räume, die speziellen Tätigkeiten vorbehalten sind: baden, reinigen oder ruhen – es handelt sich jeweils um *eine eigene*

Welt, die eine *Überraschung* bereithält. Wenigstens sieben Stufen steigen ins Wasser der einzelnen, nach ihren Besonderheiten bezeichneten Becken. Das *Feuerbad* ist ein rechteckiger Raum mit einer an zwei Seiten über Eck laufenden, unter Wasser befindlichen Sitzbank, das Wasser hat 42 Grad, die rot eingefärbte Betonwand steigert die Temperaturempfindung. Das *Kaltbad* ist ein Tauchbecken für eine Person, 14 Grad kaltes Wasser und blau-graue Betonfarbe schrecken physische und psychische Hitzegefühle ab. Im *Trinkstein* rinnt das Wasser direkt aus der Quell-Leitung in bereit hängende Messingbecher oder in die hohle Hand. Im *Blütenbad* schwimmen Ringelblumenblütenblätter im 33 Grad warmen Wasser und in einer diffusen, duftenden Atmosphäre zwischen schwarzen Wänden. Das *Klangbad* läßt die Badenden bis zum Hals im Wasser stehen, es hat 35 Grad, der Raum ist sehr hoch mit quadratischer Grundfläche, die Steinschichten sind im Unterschied zu den anderen Räumen an ihren Außenkanten gebrochen. Das Innere der *Blöcke* nennt Peter Zumthor *Betonhäuschen*, es sind Gehäuse aus einem Guß, sie sind zuerst errichtet worden, der eingefärbte, wasserdichte Beton in Schalungswände gegossen: Wie Türme ragen diese *Häuschen* eine Zeitlang auf der Baustelle in die Höhe und werden nach und nach mit *Styrofoam* ummantelt, das ist *extrudierter Polystyrol-Hartschaum*, eine feuchtigkeitsunempfindliche Wärmedämmung. Die Konstruktion der *Betonhäuschen* fungiert in den *Blöcken* als innere Schalung für das angrenzende Verbundmauerwerk: In Höhenabständen von jeweils 60 Zentimetern – eine notwendige Maßnahme, um zu großen plötzlichen Druck auf das Steinmauerwerk zu vermeiden – wurden nach den Vorgaben in einem *Steinschichtenplan* die Mauern aus Valser Gneisplatten errichtet, daraufhin Beton in den Zwischenraum mit der Bewehrung gegossen. Die Reihenfolge der einzelnen Arbeitsabschnitte war in den Plänen bereits festgelegt.

Während Architekturkritiker von *Pilzkonstruktion*, von *Felsentherme* und von *Grotten* schreiben, spricht Peter Zumthor von *Tischen* und *Blöcken*, von einem *geometrischen Höhlensystem* und von *Kavernen*: *Das Gebäude als Ganzes erscheint wie ein grosser, poröser Stein*. Voraussetzung für diese Erscheinung ist die Wahl der Baumaterialien, vor allem sind das die örtlichen Natursteine, Valser Gneisplatten, gebrochen und verarbeitet im Steinbruch am anderen Ende des Dorfes: Sämtliche Steindächer im Tal sind mit diesen Platten gedeckt. Für das Bad wurden die Steine sägerauh belassen, gestockt, geschliffen oder poliert, die Mauern sind mit drei verschiedenen Stärken von Steinplatten nach dem exakten *Steinschichtenplan* geschichtet worden, diese Vormauerung wirkt in der Bauphase zugleich als letztlich sichtbare Schalung für die bewehrte Betonwand an der anderen Seite oder dazwischen: Als *Valser Verbund* wird diese Bauweise in den Plänen gekennzeichnet, als *Valser Verbundmauerwerk* ist sie in die Architekturgeschichte eingegangen. Die Vormauerung ist derart äußere Hülle und zugleich Teil des Körpers, der Lasten übernimmt und mitträgt.

In verschiedenen Arten von Planzeichnungen ist der Bauvorgang rekonstruierbar, die Struktur des Gebäudes lesbar: Es gibt *Ausführungspläne*, *Detailpläne* und *Publikationspläne*, es gibt *Steinschichtenpläne* und Planzeichnungen, die das konstruktive Muster der Decken und des Bodens vorschreiben. Das gesamte Gebäude hat konstruktiv und technisch keine Vorbilder und also keine Erfahrungswerte gehabt, jedes Detail ist rechnerisch nachgewiesen und zeichnerisch vorgegeben. Alle beteiligten Firmen und Arbeiter haben *das gerne gemacht*, sagt Peter Zumthor – und nicht nur er.

Peter Zumthor, Thermal Bath at Vals, London 1996. Peter Zumthor, Häuser 1979–1997, Basel–Boston–Berlin 1999. Martin Tschanz, Das spezifische Gewicht der Architektur – Ein Gespräch mit Peter Zumthor, in: archithese 5/96, Zürich 1996.

A

B

C

7　7

6　6

5

8　8

14

10

12

11

17

18

20

21

22

Grundriss Badeebene

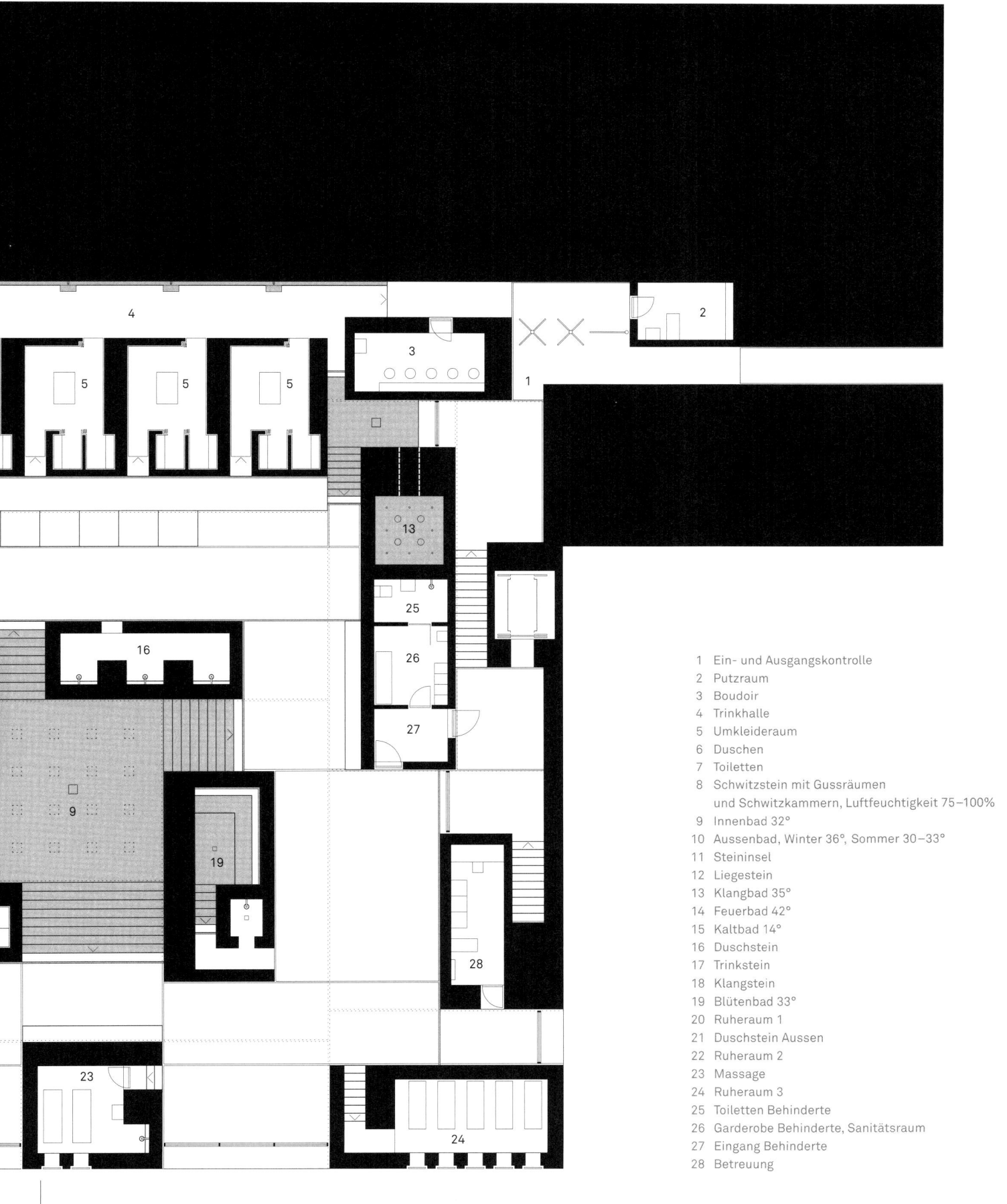

1 Ein- und Ausgangskontrolle
2 Putzraum
3 Boudoir
4 Trinkhalle
5 Umkleideraum
6 Duschen
7 Toiletten
8 Schwitzstein mit Gussräumen
  und Schwitzkammern, Luftfeuchtigkeit 75–100%
9 Innenbad 32°
10 Aussenbad, Winter 36°, Sommer 30–33°
11 Steininsel
12 Liegestein
13 Klangbad 35°
14 Feuerbad 42°
15 Kaltbad 14°
16 Duschstein
17 Trinkstein
18 Klangstein
19 Blütenbad 33°
20 Ruheraum 1
21 Duschstein Aussen
22 Ruheraum 2
23 Massage
24 Ruheraum 3
25 Toiletten Behinderte
26 Garderobe Behinderte, Sanitätsraum
27 Eingang Behinderte
28 Betreuung

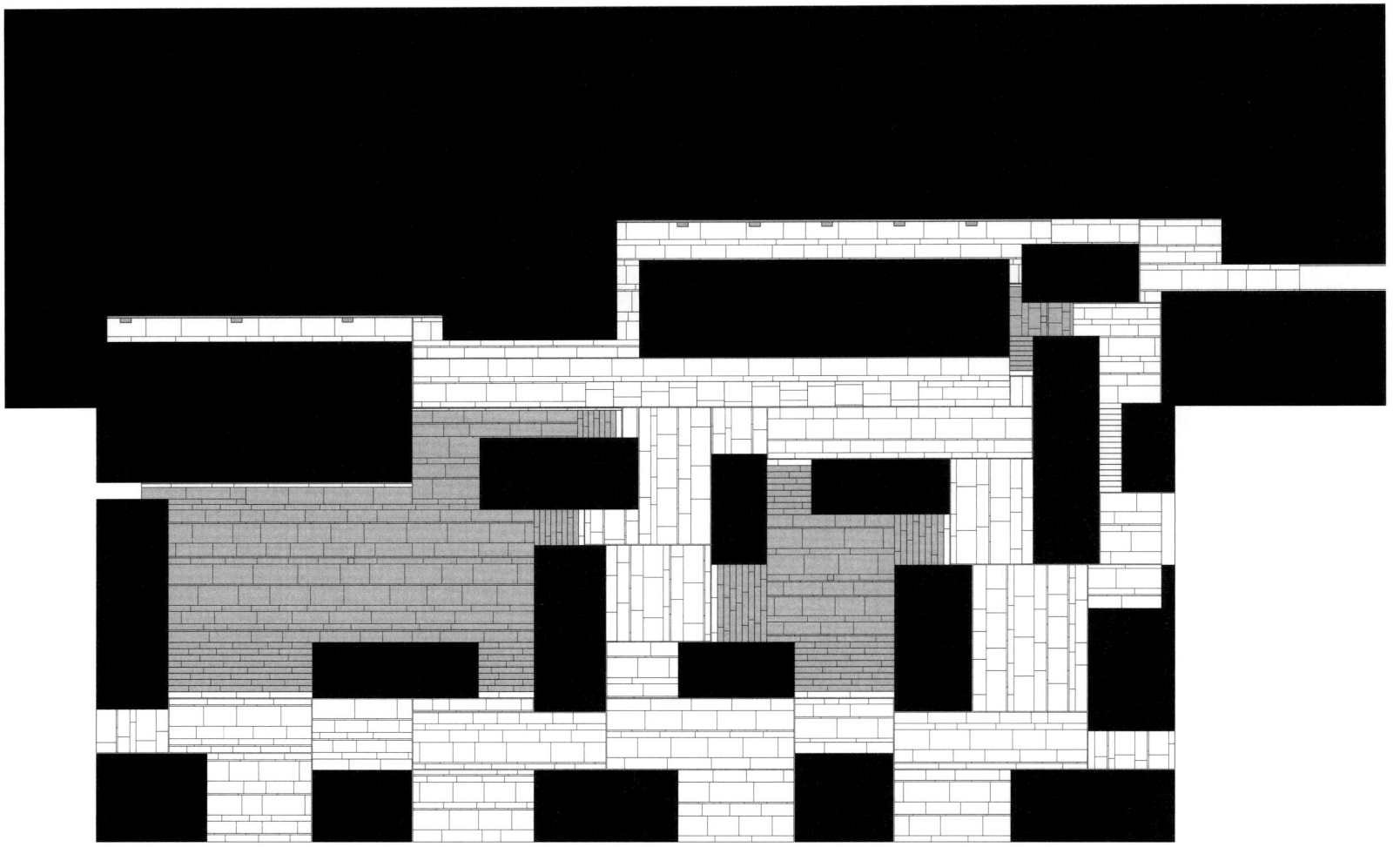

Blockstruktur Badeebene mit Fugenbild der Bodenplatten

KONSTRUKTION **Steinerne Masse**. Das ganze Gebäude ist aus einem Guss und Material gebaut: aus Stein. Stein, das ist Sand, Kies, Zement, verbunden zu Beton, und Valser Gneis. Eine Unterscheidung in grobe Rohbauteile, die man später nicht mehr sieht, und nachträglich angebrachte Verkleidungen und Überzüge, die die fertigen Oberflächen des Gebäudes herstellen, gibt es nur in Ausnahmefällen. In der Regel ist der Rohbau schon der fertige Bau. Wir sehen und begehen die primäre Konstruktion, in der auch das Wasser fliesst und zusammengehalten wird. Die Anatomie des fertigen Bades, die direkte Art, wie man seine Konstruktion erlebt, entspricht den Steinbruchbildern des Anfangs.

Künstlicher Monolith. Unser Entwurfsziel, grosse Steinmassen herzustellen, die monolithisch wirken, haben wir durch lagerhaftes Aufschichten von langen, dünnen Steinplatten erreicht. Die vielen Lagen unterschiedlich hoher Platten erzeugen ein grossflächiges Schichtungsmuster, eine feine Horizontalstruktur, wie man sie ähnlich auch in der Natur antreffen kann.

Das für die Therme entwickelte Mauerwerk haben wir auf die Materialeigenschaften des Steines und die im Steinbruch verwendete Abbautechnik abgestimmt. Der Valser Gneis hat eine plattige, längsfaserige mineralische Struktur; er lässt sich gut spalten und auf ökonomische Weise in dünne Platten von respektabler Länge

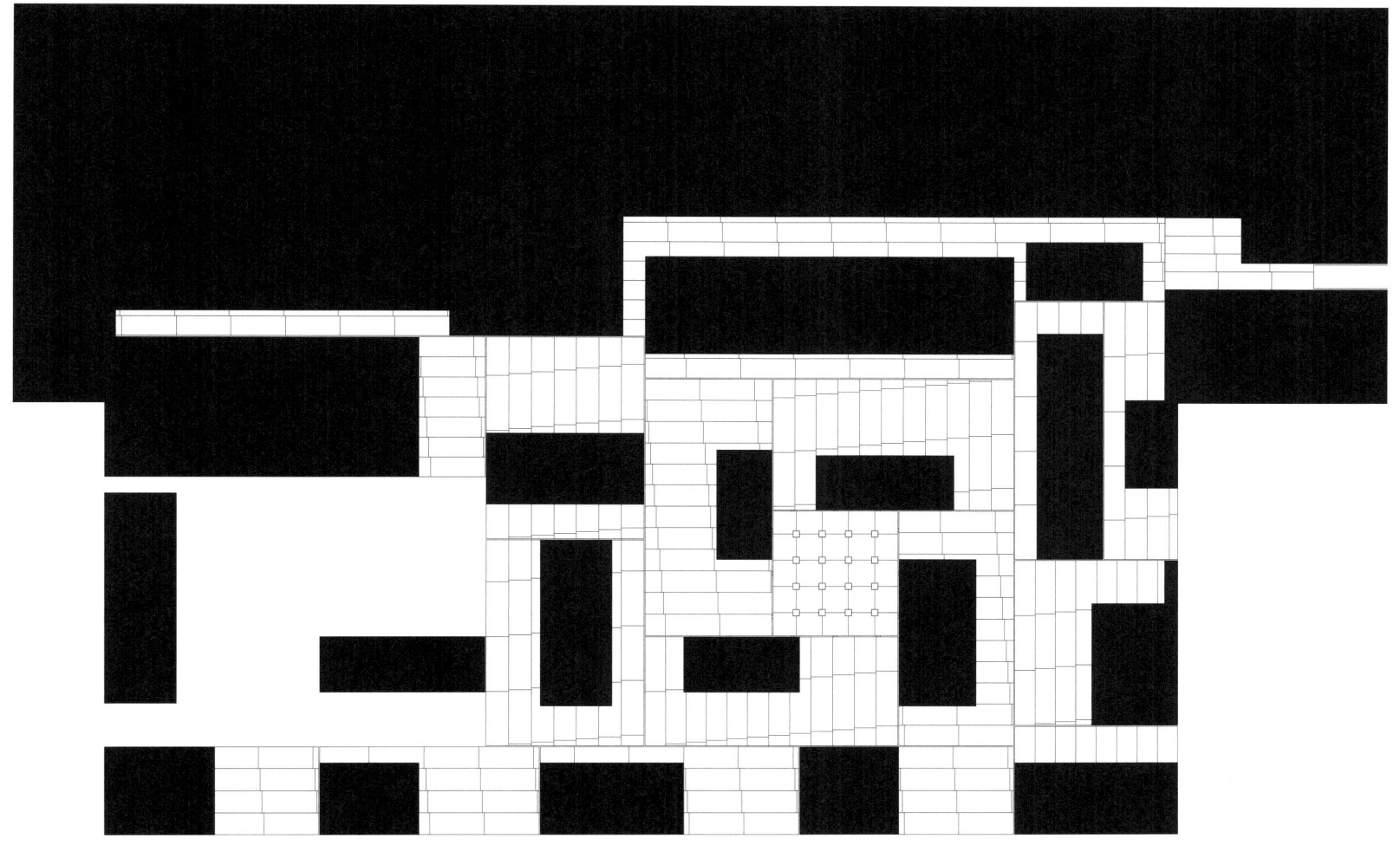

Blockstruktur Badeebene mit Oberlichtern, Deckenschlitzen und Schalungsbild der Deckenplatten

schneiden. Diese Platten oder Plattenstreifen sind recht elastisch und nicht allzu empfindlich auf Schläge; sie lassen sich gut transportieren und auch gut verarbeiten, weil die einzelnen Stücke nicht zu schwer sind.

Valser Verbundmauerwerk. In der konstruktiven Masse des Bades wirken Stein und Beton auf besondere Weise zusammen: Unterschiedlich breite Steinplatten von verschiedener Länge werden in Etappen aufgemauert und so mit Beton hintergossen, dass sich der gemauerte und der «flüssige Stein» gut miteinander verbinden. Die Detailzeichnung auf Seite 110 zeigt das Prinzip: Auf der Sichtseite liegen die Steine jeweils bündig übereinander, während sie auf

der Rückseite, wo sie hintergossen werden, abgetreppt sind. Bei der sogenannt zweihäuptigen Konstruktion wird der Zwischenraum zwischen zwei Mauerschalen vergossen. Bei der einhäuptigen Konstruktion, bei der eine Seite aus Stein, die andere aus Beton besteht, wird anstelle der zweiten Steinplattenmauer eine Schalung aufgestellt und dann der Zwischenraum zwischen Mauer und Schalung ausgegossen. Diese eigens für unser Gebäude entwickelte Konstruktionsweise erhielt den Namen Valser Verbundmauerwerk. Die reine Betonwand gibt es auch. Auf Sicht gearbeitet, haben wir sie in den Bereichen, die dem Publikum zugänglich sind, jeweils auf der Bergseite und im Innern der Blöcke, dort mit Farbpigmenten versehen, verwendet.

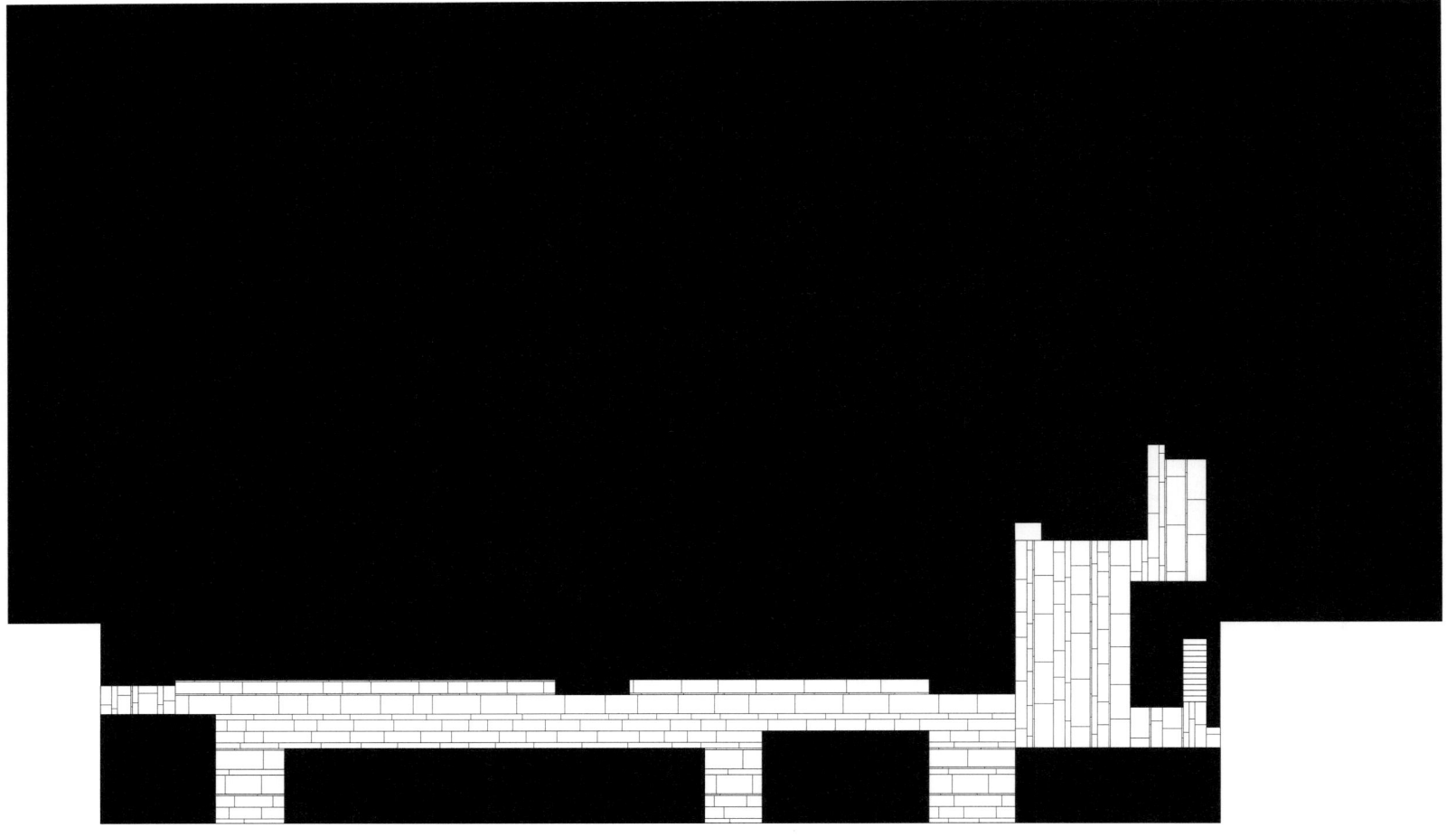

Blockstruktur Therapieebene mit Fugenbild der Bodenplatten

Bewegungsfugen. Die Ansprüche eines Thermalbades an die Baumaterialien und Konstruktionen sind hoch. Baustoffe bewegen sich,
dehnen sich in der Wärme, ziehen sich zusammen bei Kälte. Konstruktionen verformen sich, wenn man sie belastet, unter Druck
oder Zug setzt. Bei einem Thermalbad sind die einwirkenden Kräfte
besonders hoch: Grosse Wasserbecken werden gefüllt und geleert,
riesige Lasten treten auf und verschwinden. Der Unterschied der
Temperatur und Luftfeuchtigkeit zwischen Innen und Aussen ist
gross. Die Temperaturdifferenz, die das Mauerwerk des Aussen-
bades aushalten muss, wo die an einem kalten Wintertag vielleicht
auf minus 15 Grad abgekühlten Mauern ins 36 Grad warme Wasser
eintauchen, ist enorm. Um mit Problemen dieser Art fertig zu werden, um Spannungen, Risse oder Leckstellen in den Konstruktionen
zu vermeiden, arbeiten die Bautechniker in der Regel mit im voraus
geplanten «Rissen», den sogenannten Bewegungsfugen: Sie unterteilen die Baumasse in Abschnitte, die sich unabhängig voneinander
ausdehnen und zusammenziehen, senken und heben können.

Die Boden- und Deckenfugen, die der Entwurf von Anfang an vorsah,
kamen uns hier entgegen. Die mächtigen Deckenplatten über den
Mauerpfeilern aus vorgespanntem Beton können sich alle frei
bewegen. Anhand der Skizze auf Seite 69 kann man nachvollziehen,
wie die Bewegungsfugen des Gebäudes in das Bodenmuster, das
der Entwurf vorgibt, integriert wurden.

Für die unteren Teile des Gebäudes, vom Boden- und Wasserhori-
zont der Badeebene an abwärts, mussten komplexere Lösungen
entwickelt werden. Der Wunsch, homogene Mauerwerkspfeiler ohne
horizontale Trennfuge aus dem Wasser aufsteigen zu lassen und die
steinernen Becken samt ihrer steinernen Umgebung als zusammenhängende Masse zu erleben, hat uns dazu geführt, diese auch konstruktiv genau so auszubilden.

Bauingenieur Jürg Buchli hat diesen hohen Anforderungen differen-
ziert entsprochen. Ein Blick auf den Querschnitt, abgebildet auf den

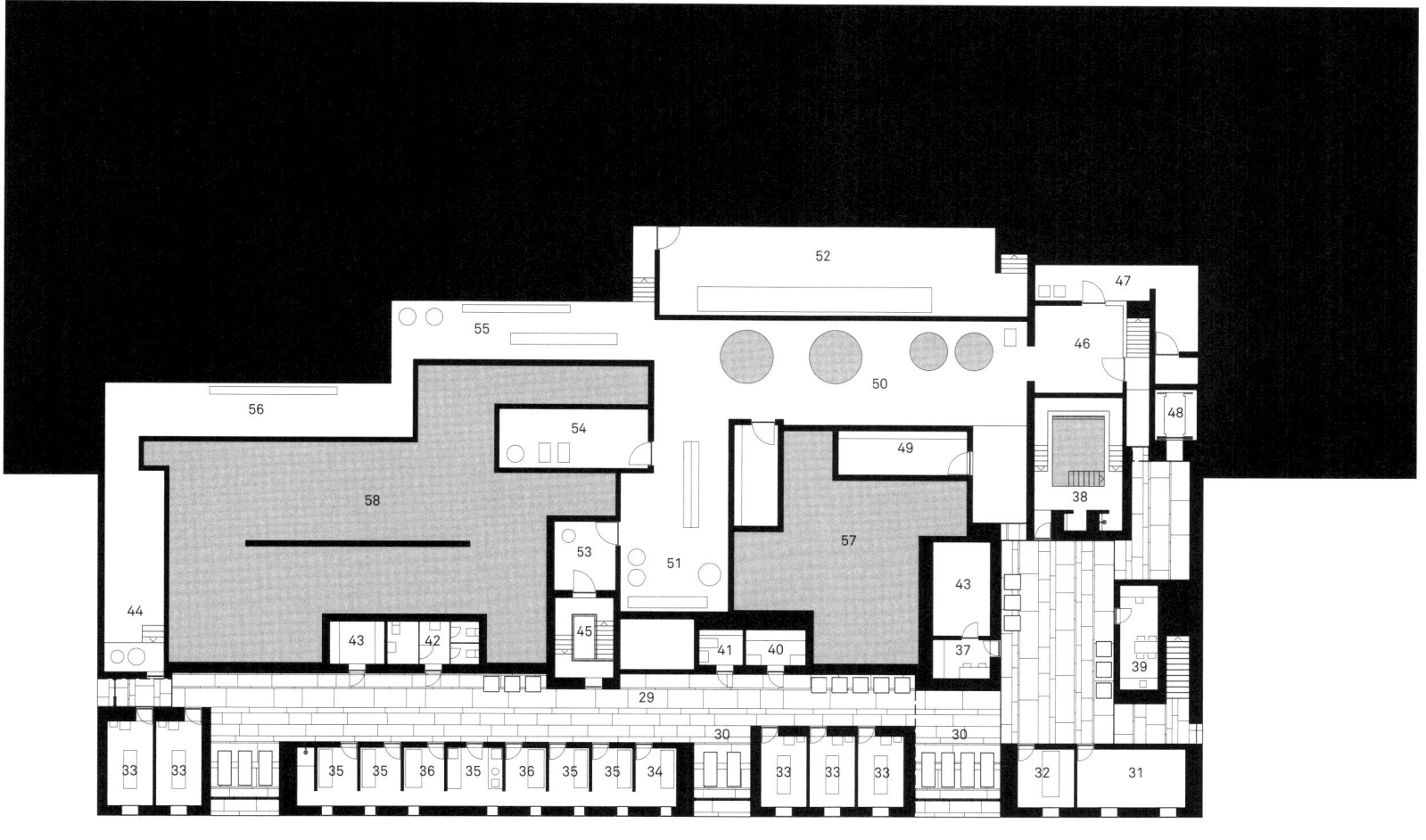

Grundriss Technik und Therapieebene

Seiten 108/109, lässt die Grundzüge des gewählten Konzeptes erkennen: Unten sind die Betonstrukturen homogen gearbeitet, oben
lösen sich die Baumassen auf in einzelne «Stein-Tische». Konkret
liest man im abgebildeten Querschnitt in der Mitte einen grossen
zusammenhängenden Untergeschossbauteil mit Decken, Frischwasserreservoir und Technikräumen, der sich nach oben hin zu zwei
freistehenden «Steintischen» mit auskragenden Deckenplatten
entwickelt; auf der Seite 108 erkennt man den Garderobenblock,
dessen lange Treppe, die auf die Badeebene hinunterführt, auf der
Decke der darunter liegenden Wasseraufbereitung beweglich
aufliegt. Auf der Talseite lässt sich ein zusammenhängender, mehr-
geschossiger Gebäudeteil, der sich nach oben wiederum in einen
Tisch auflöst, erfassen, und man kann mit Staunen zur Kenntnis
nehmen, dass der ganze Garderobenblock über die darunter liegenden Lüftungszentrale und Wasseraufbereitung, Räume 340 und 341,
fest und fugenlos mit dem mittleren Hauptkörper verbunden ist.
Das Prinzip: Die Konstruktion ist oben, wo sie der Witterung und

29 Wartezonen
30 Ruhezonen
31 Heilgymnastik
32 Unterwassermassage
33 Massage
34 Streckbett
35 Fango, Fangoküche
36 Medizinalbäder
37 Inhalation
38 Bewegungsbad 36°
39 Teeküche
40 Wäschelager
41 Putzraum
42 Toiletten
43 Lager
44 Zugang Technik
45 Treppe Technik 2. UG
46 Technik Blütenbad
47 Chemikalien
48 Liftmaschinenraum
49 Elektrozentrale
50 Wasseraufbereitung
51 Sanitärverteilung
52 Lüftungszentrale
53 Kohlensäure
54 Technik Feuerbad
55 Ozonaufbereitung
56 Sanitärverteiler
57 Frischwasserreservoir
58 Abwasserreservoir

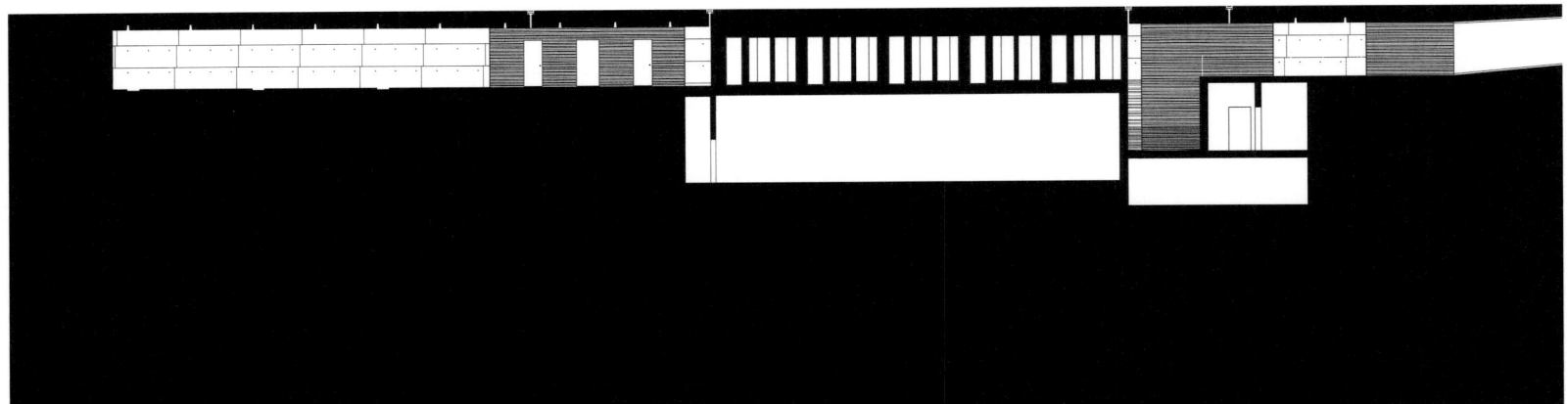

Längsschnitt A

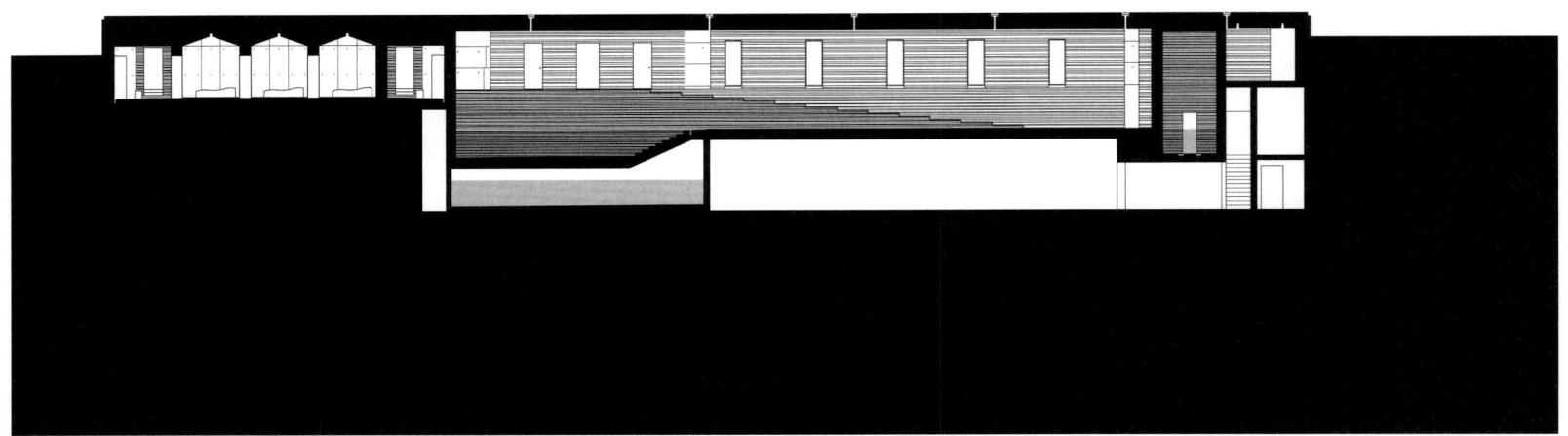

Längsschnitt B

den wechselnden klimatischen Situationen zwischen Innen und Aussen ausgesetzt ist, in kleinere Einzelteile gegliedert, die Bewegungen zulassen. Die im Erdreich liegenden Technikgeschosse, die der ganzen Struktur Halt geben, sind homogener gebaut. Das Gebäude liegt im Grundwasser. Fugen im Unterbau waren zu vermeiden. Die Untergeschosse sind ein Sockel, der alles zusammenhält, der in sich aber weich genug konstruiert ist, um die von oben einwirkenden Bewegungen aufnehmen zu können, ohne dabei Schaden zu nehmen.

Wärmedämmung. Die Wärmedämmung des Gebäudes folgt keinem durchgehenden System, sondern passt sich von Fall zu Fall den architektonischen und konstruktiven Gegebenheiten an. Es war unser Ziel, die Dämmungen so in die konstruktive Masse des Gebäudes einzuarbeiten, dass der Baukörper seine konstruktive Glaubwürdigkeit behält. Im auf Seite 108/109 abgebildeten Querschnitt des Gebäudes, einem Ausführungsplan, lässt sich das Zusammenwirken der verschiedenen Arten des Dämmens nachvollziehen: Dämmschichten umhüllen das Gebäude auf der Hangseite

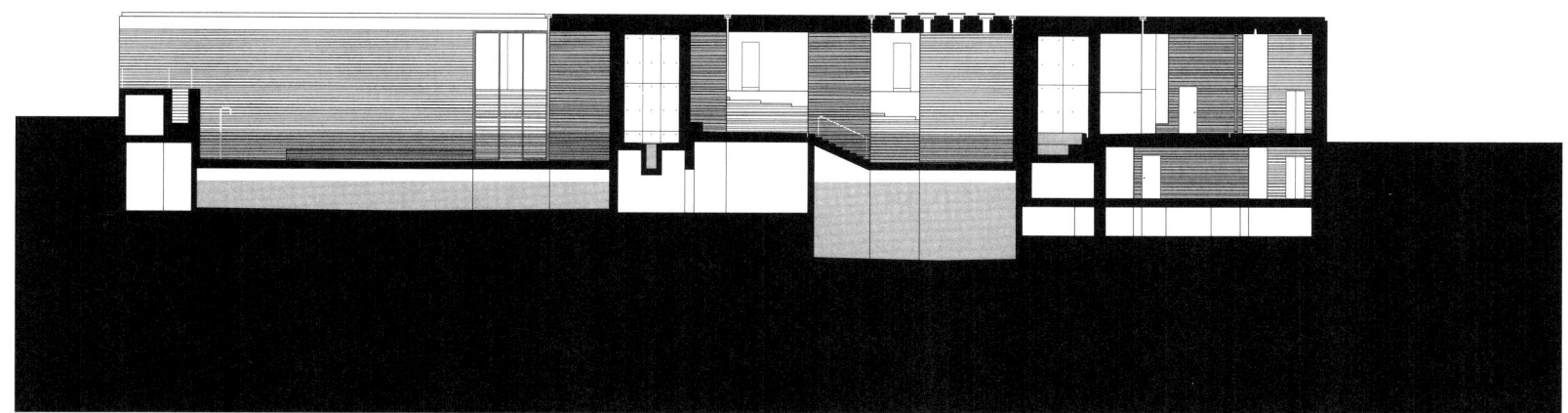

Längsschnitt C

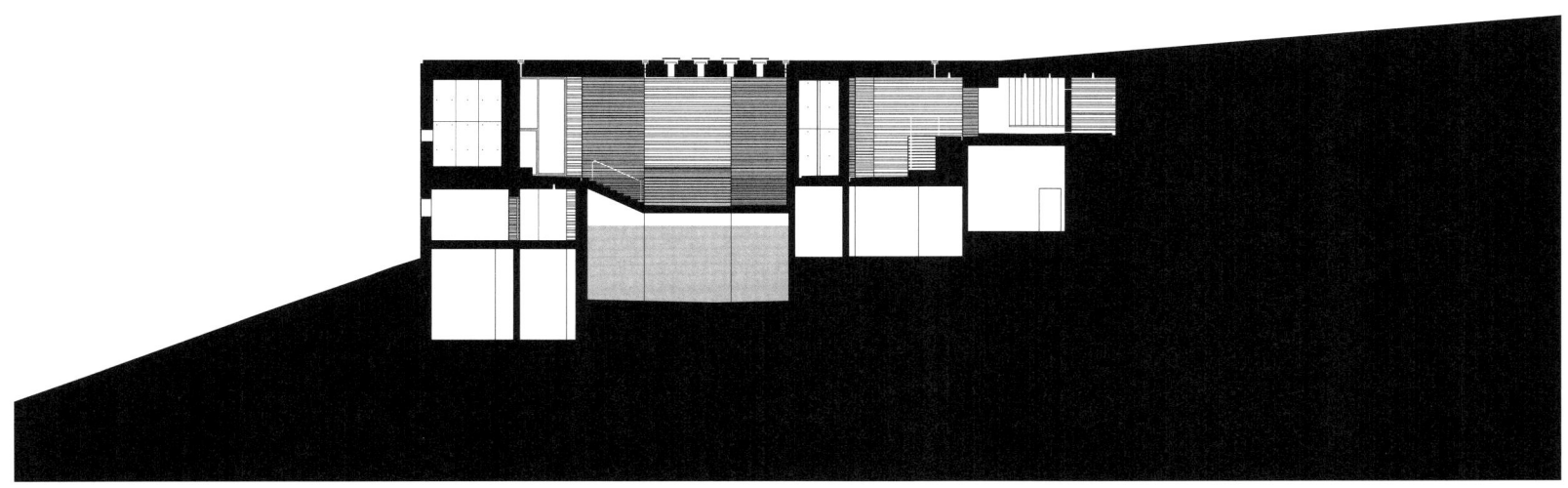

Querschnitt D

und auf dem Dach, wo Erde die Dämmplatten überdeckt. Perimeterisolation heisst der Fachausdruck für diese Art der Aussenisolation. Im Zweischalen-Prinzip gedämmt sind die Blöcke am Übergang zwischen Innen und Aussen. Die Dämmschicht liegt hier zwischen der äusseren Pfeilerschale aus Valser Verbundmauerwerk, die die Dachplatte trägt, und dem frei im Pfeilerhohlraum stehenden Innenkörper aus farbigem Beton.

Anschluss der Fenster an die Wärmedämmung. Um die Wärmedämmebene der grossen Isolierglasfenster mit der Dämmung auf dem Dach zu verbinden, wurden die Dachplatten über den Fenstern mit einem Schlitz versehen, der mit Isolationsmaterial gefüllt wurde. Im Rohbau konnte man sehen, wie die zwei voneinander getrennten Deckenteile selbständig vom Pfeiler her auskragen. Querverbindungen durch den Trennschnitt hindurch waren nicht nötig. Auch der vor dem Fenster im Aussenklima liegende Deckenteil ist kräftig genug, um sich selber zu tragen.

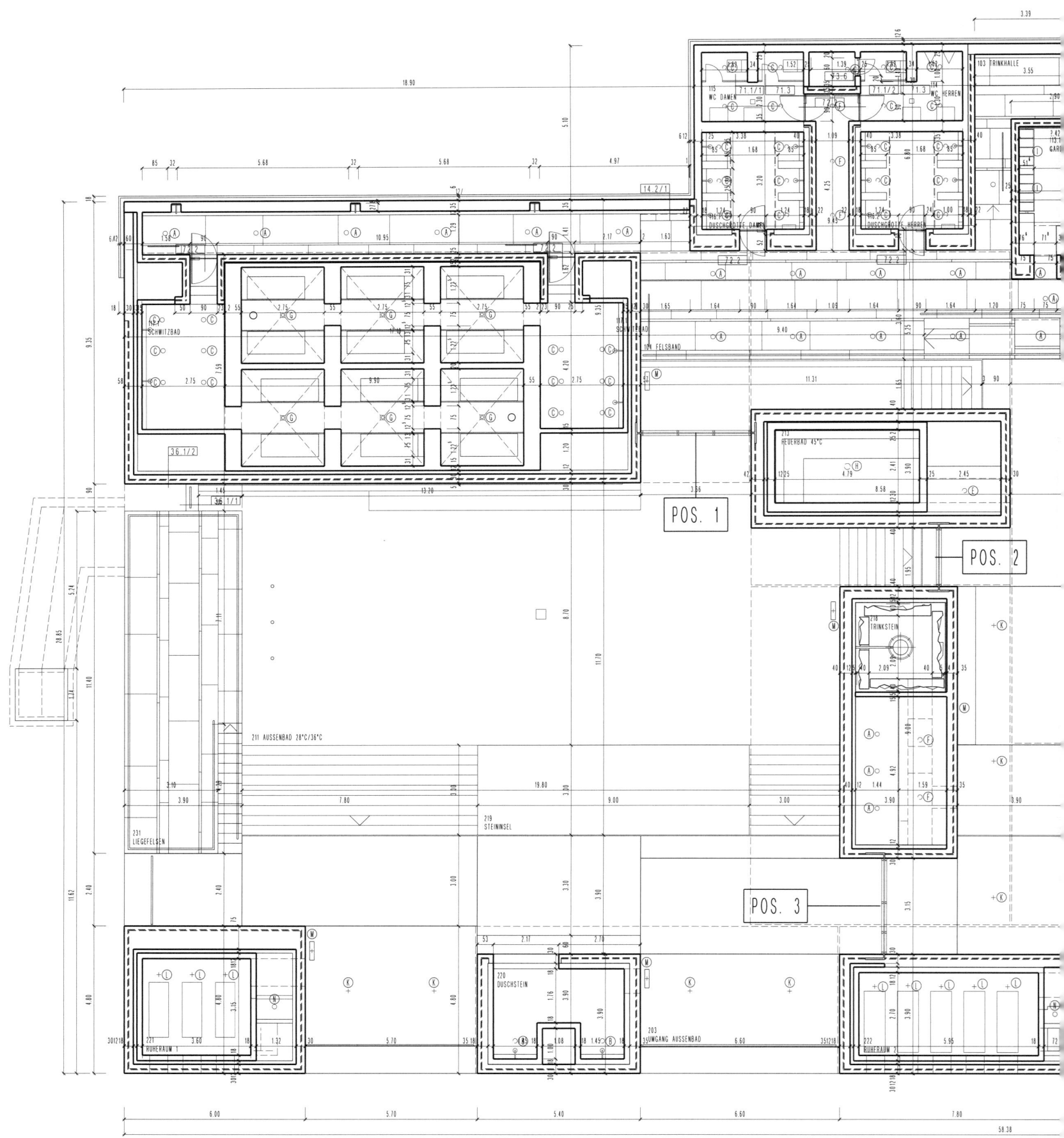

Ausführungsplan Grundriss

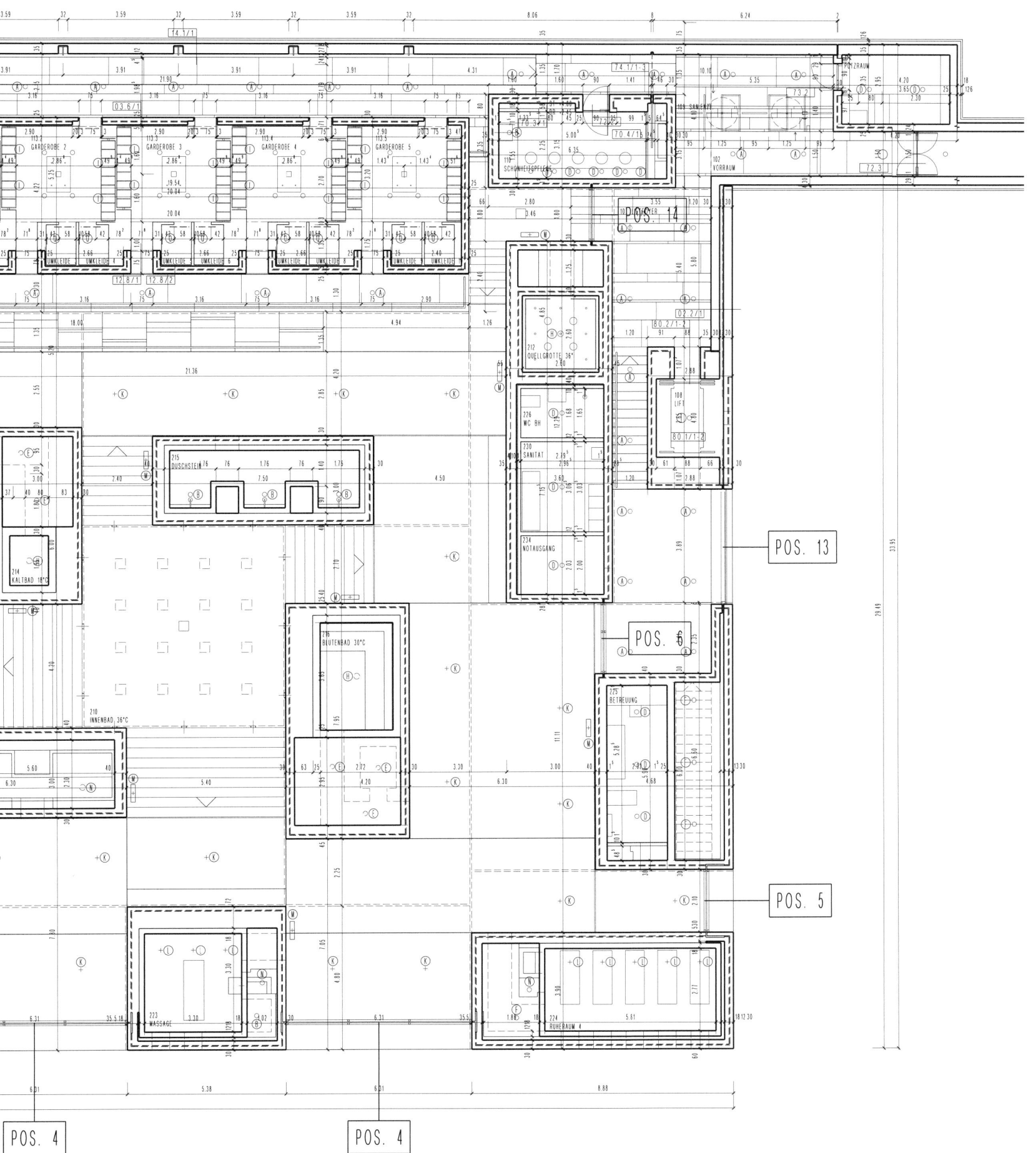

POS. 14

POS. 13

POS. 6

POS. 5

POS. 4

POS. 4

GARDEROBE 2
GARDEROBE 3
GARDEROBE 4
GARDEROBE 5

UMKLEIDE
UMKLEIDE
UMKLEIDE
UMKLEIDE
UMKLEIDE

SCHÖNHEITSPFLEGE

VORRAUM

QUELLGROTTE 36°
212

226
WC BH

230
SANITÄT

234
NOTAUSGANG

215
DUSCHSTEIN

214
KALTBAD 18°C

216
BLÜTENBAD 30°C

210
INNENBAD 36°C

275
BETREUUNG

223
MASSAGE

224
RUHERAUM 4

PUTZRAUM

100
LIFT

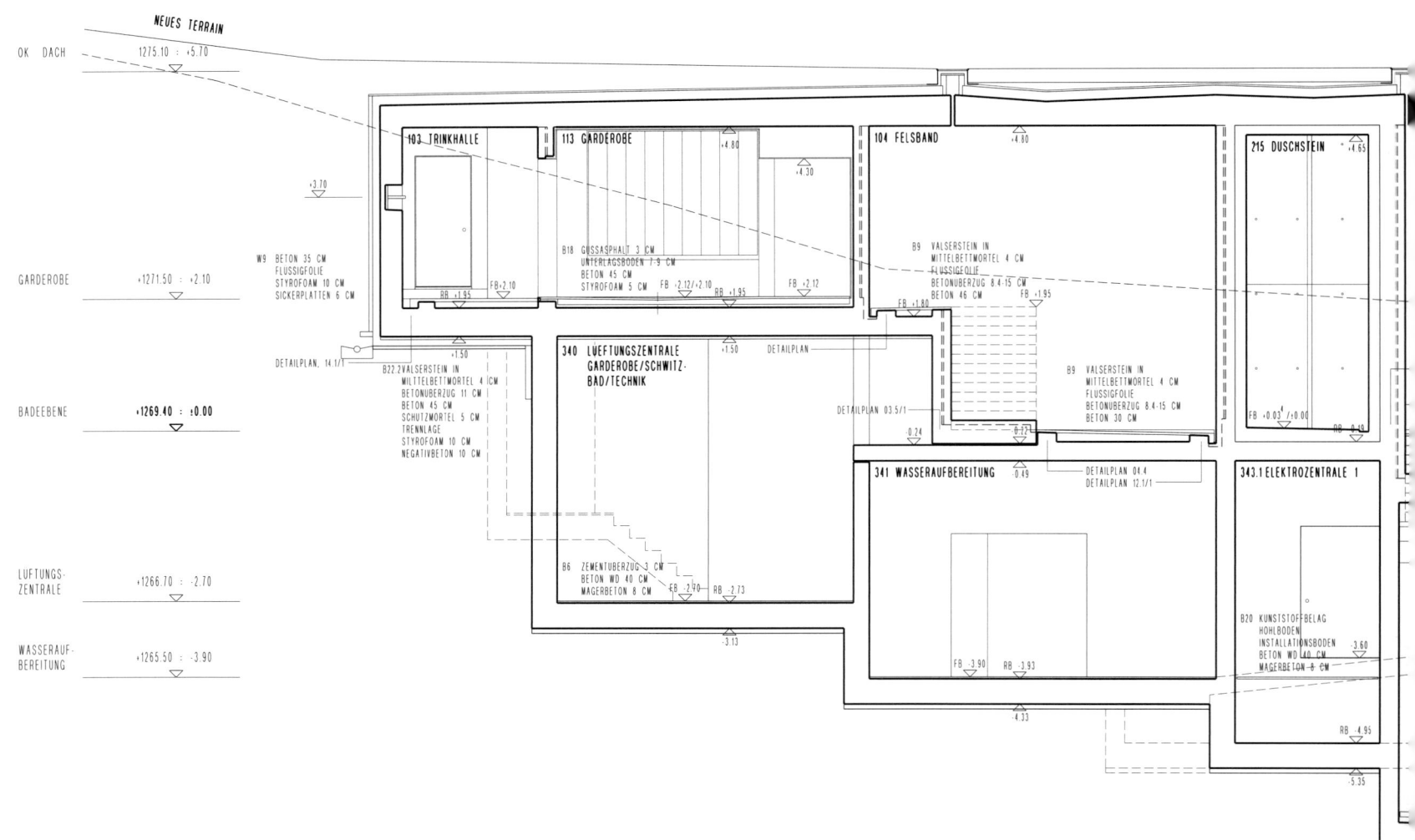

NEUES TERRAIN

OK DACH   1275.10 : +5.70

103 TRINKHALLE   113 GARDEROBE   +4.80   104 FELSBAND   +4.80   215 DUSCHSTEIN   +4.65

+4.30

+3.70

GARDEROBE   +1271.50 : +2.10

W9 BETON 35 CM
FLUSSIGFOLIE
STYROFOAM 10 CM
SICKERPLATTEN 6 CM

B18 GUSSASPHALT 3 CM
UNTERLAGSBODEN 7.9 CM
BETON 45 CM
STYROFOAM 5 CM

B9 VALSERSTEIN IN
MITTELBETTMORTEL 4 CM
FLUSSIGFOLIE
BETONUBERZUG 8.4-15 CM
BETON 46 CM

RB +1.95   FB+2.10   FB -2.12/+2.10 RB +1.95   FB +2.12   FB +1.95

FB +1.80

DETAILPLAN. 14.1/1

+1.50

340 LUEFTUNGSZENTRALE
GARDEROBE/SCHWITZ-
BAD/TECHNIK

+1.50   DETAILPLAN

B22.2VALSERSTEIN IN
MITTELBETTMORTEL 4 CM
BETONUBERZUG 11 CM
BETON 45 CM
SCHUTZMORTEL 5 CM
TRENNLAGE
STYROFOAM 10 CM
NEGATIVBETON 10 CM

BADEEBENE   +1269.40 : ±0.00

B9 VALSERSTEIN IN
MITTELBETTMORTEL 4 CM
FLUSSIGFOLIE
BETONUBERZUG 8.4-15 CM
BETON 30 CM

DETAILPLAN 03.5/1   -0.24   -0.12   FB +0.03/+0.00   RB -0.48

341 WASSERAUFBEREITUNG   -0.49   DETAILPLAN 04.4
DETAILPLAN 12.1/1   343.1 ELEKTROZENTRALE 1

LUFTUNGS-
ZENTRALE   +1266.70 : -2.70

B6 ZEMENTUBERZUG 3 CM
BETON WD 40 CM
MAGERBETON 8 CM

FB -2.90 RB -2.73

B20 KUNSTSTOFFBELAG
HOHLBODEN
INSTALLATIONSBODEN
BETON WD 140 CM
MAGERBETON 8 CM   -3.60

-3.13

WASSERAUF-
BEREITUNG   +1265.50 : -3.90

FB -3.90 RB -3.93

-4.33

RB -4.95

-5.35

Ausführungsplan Querschnitt

Um die Fenster mit der Wandisolation der angrenzenden Blöcke zu verbinden, haben wir die Dämmebene der Fenster seitlich mit T-förmigen Dämmstoffelementen ergänzt, die ins Verbundmauerwerk eingemauert wurden. Der eingemauerte Schenkel des T-Stückes steht rechtwinklig zum Fenster und parallel zur Wandisolation, die zwischen den Schalen des Pfeilers verläuft, und überlappt diese um mindestens 70 cm. Die sogenannte Wärmebrücke, der Wärmeabfluss von Innen nach Aussen wird so reduziert. Und die Wand des Pfeilers, der aus statischen Gründen ganz bleiben musste, bleibt unverletzt. Auf dem auf den Seiten 106/107 wiedergegebenen Grundrissplan sind die von uns «Hammer» genannten T-Stücke im Mauerwerk neben den Fenstern zu erkennen.

Wasserabdichtungen. Um das Gebäude gegen Grund- und Regenwasser zu schützen, um das Wasser in den Becken und Rinnen am unkontrollierten Ausfliessen zu hindern und um die Steinböden im Nassbereich des Bades wasserdicht auszubilden, wurde mit zwei unterschiedlichen Abdichtungssystemen gearbeitet. Die soge-

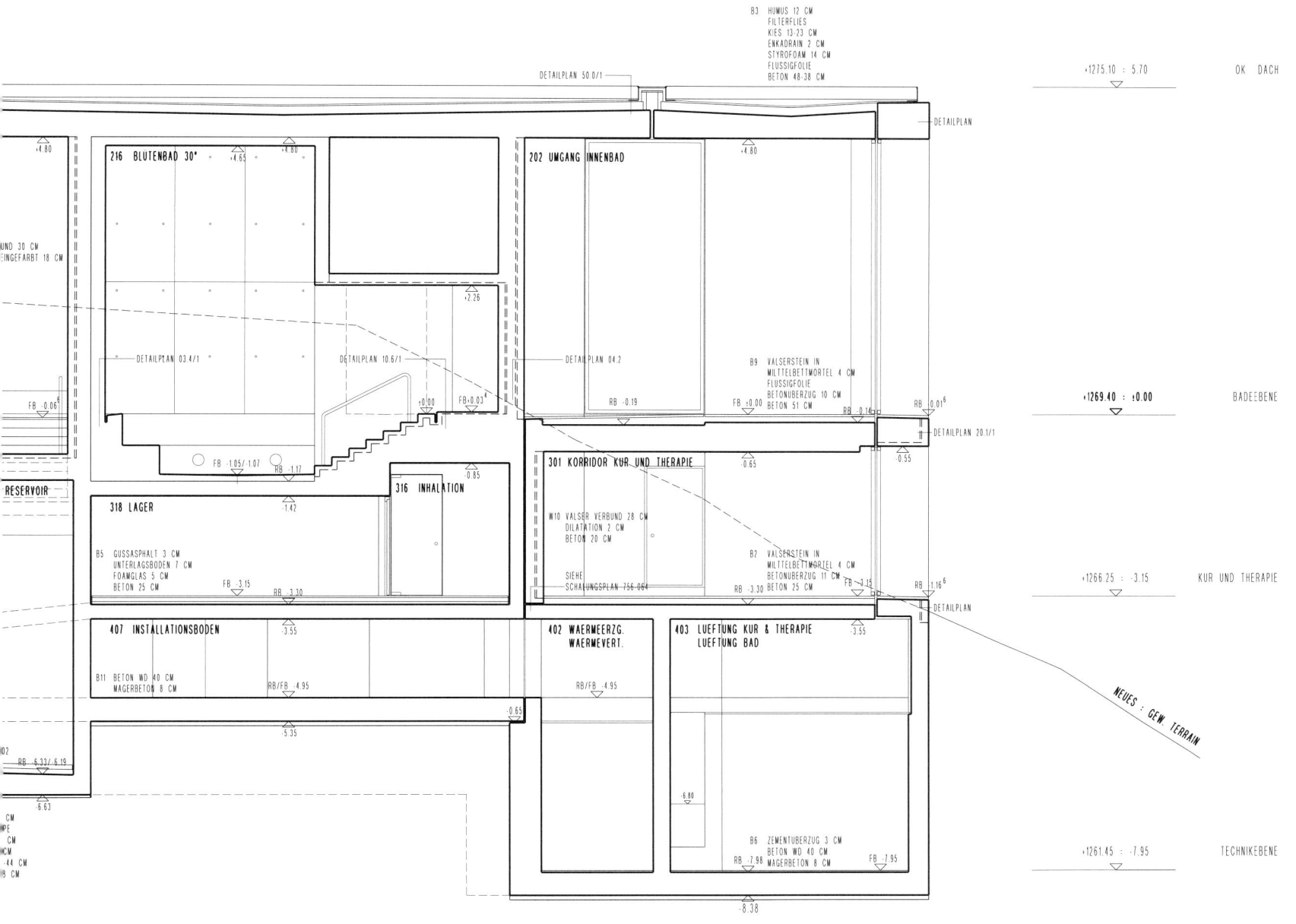

DETAILPLAN 50.0/1

B3 HUMUS 12 CM
    FILTERFLIES
    KIES 13-23 CM
    ENKADRAIN 2 CM
    STYROFOAM 14 CM
    FLUSSIGFOLIE
    BETON 48-38 CM

+1275.10 : 5.70   OK DACH

DETAILPLAN

+4.80

216 BLUTENBAD 30°   +4.65   +4.80

202 UMGANG INNENBAD   +4.80

+2.26

DETAILPLAN 03.4/1   DETAILPLAN 10.6/1   DETAILPLAN 04.2

B9 VALSERSTEIN IN
    MITTELBETTMORTEL 4 CM
    FLUSSIGFOLIE
    BETONUBERZUG 10 CM
    BETON 51 CM

RESERVOIR

UND 30 CM
INGEFARBT 18 CM

FB -0.06

±0.00   FB+0.03   RB -0.19   FB ±0.00   RB -0.14   RB 0.01⁶   +1269.40 : ±0.00   BADEEBENE

FB -1.05/ 1.07   RB -1.17
-0.85   DETAILPLAN 20.1/1
316 INHALATION

301 KORRIDOR KUR UND THERAPIE   -0.65   0.55

318 LAGER   -1.42

W10 VALSER VERBUND 28 CM
    DILATATION 2 CM
    BETON 20 CM

B2 VALSERSTEIN IN
    MITTELBETTMORTEL 4 CM
    BETONUBERZUG 11 CM
    BETON 25 CM

B5 GUSSASPHALT 3 CM
    UNTERLAGSBODEN 7 CM
    FOAMGLAS 5 CM
    BETON 25 CM

SIEHE
SCHALUNGSPLAN 756-064

+1266.25 : -3.15   KUR UND THERAPIE

FB -3.15   RB 1.16⁶

FB -3.15   RB -3.30   RB -3.30

DETAILPLAN

407 INSTALLATIONSBODEN   -3.55

402 WAERMEERZG.   -3.55
     WAERMEVERT.

403 LUEFTUNG KUR & THERAPIE
     LUEFTUNG BAD

B11 BETON WD 40 CM
    MAGERBETON 8 CM

RB/FB -4.95   RB/FB -4.95

NEUES : GEW. TERRAIN

-0.65
-5.35

-6.80

H02

RB -6.33/ 6.19

-6.63

B6 ZEMENTUBERZUG 3 CM
    BETON WD 40 CM   +1261.45 : -7.95   TECHNIKEBENE
    MAGERBETON 8 CM
CM   RB -7.96   FB -7.95
PE
CM
MCM
-44 CM
5 CM

-8.38

nannte «starre Abdichtung» besteht aus wasserdichtem Beton oder Verbundmauerwerk. Die Dichtigkeit wird durch ausreichende Bewehrung des Betons, die Risse verhindert, erreicht. Durch die starre Abdichtung diffundiert jedoch immer etwas Feuchtigkeit. Und die Abdichtung kann auch Leckstellen aufweisen. Deshalb kann sie nur eingesetzt werden, wenn die Rückseite der dem Wasser ausgesetzten Wand frei liegt, wenn diese Rückseite jederzeit beobachtet und gewartet werden kann und wenn sie keinen ästhetischen Ansprüchen genügen muss.

Die Bodenplatten des Gebäudes, die im Erdreich liegenden Technikräume des Bades sowie alle Wasserbecken und Wasserreservoire sind starr abgedichtet. Alle Bauteile, die wasserdicht auszuführen waren, deren Rückseiten oder Unterseiten jedoch nicht im frei zugänglichen Technikbereich liegen, wurden mit einer sogenannten Flüssigfolie, einer fugenlosen Kunststoffbeschichtung, die wie ein Anstrich aufgebracht wird, abgedichtet: das Dach, das Garderobengeschoss auf der Hangseite, der Boden in den Nassbereichen vor den Duschen und die Umgänge der Becken auf der Badeebene.

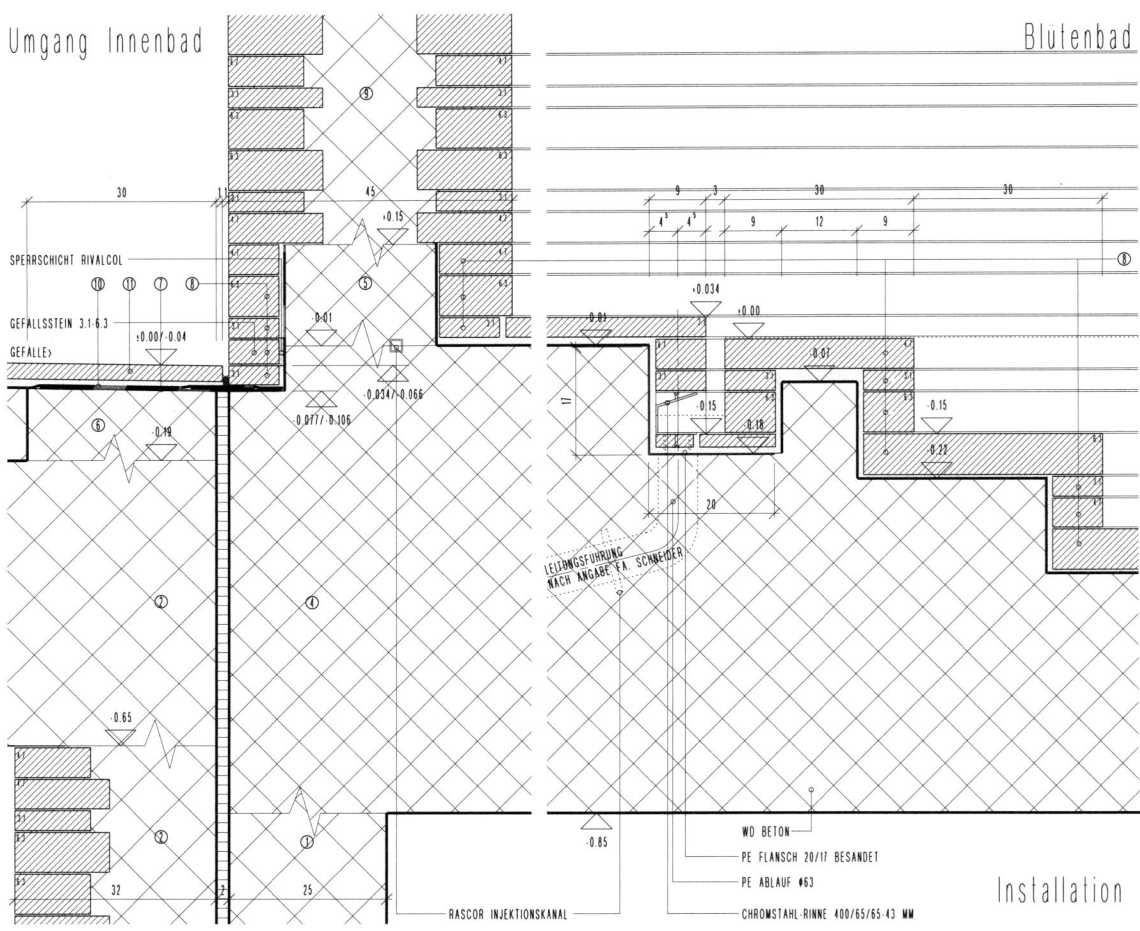

Das hier abgebildete Schnittdetail zeigt die vergleichsweise einfache Konstruktion der starren Abdichtung im Blütenbad und die wesentlich komplexere Konstruktion zum Einbau einer seitlich aufgebordeten Flüssigfolie im Umgang des Innenbades. Anhand der Zahlen von eins bis elf in den runden Kreisen, die jeweils einem Bauteil zugeordnet sind, kann man elf Arbeitsschritte nachvollziehen, vom Erstellen der ersten Betonwand im Untergeschoss bis zum Einmörteln der Bodenplatte im Umgang des Innenbades: Erst nachdem der kleine Betonsockel (5) gegossen und die Bodenabdichtung (7) daran seitlich hoch geführt und eine fünf Steine hohe Vormauerung (8) vorgesetzt wurden, kann das Verbundmauerwerk der Wand hochgezogen werden, im vorliegenden Fall in zweihäuptiger Ausführung: Der Zwischenraum zwischen den zwei auf Sicht gemauerten Wänden wird mit Beton ausgegossen (9).

Das Beispiel macht es deutlich: Mit der Integration von Wasserabdichtungen, Wärmedämmungen und Bewegungsfugen in die steinerne Masse des Gebäudes haben wir eine hohe Stufe der Komplexität in der Erfindung von Sonderkonstruktionen und Arbeitsabläufen erreicht. Das Bauwerk sieht einfach aus. Die Komplexität steckt in der Masse.

Der Steinverband. Alles geht auf: Die Steinplatten haben wir im Steinbruch in drei Höhen schneiden lassen, 31, 47 und 63 Millimeter. Diese drei Steinhöhen ergeben zusammen mit den drei Mörtelfugen von 3 Millimetern im aufgemauerten Zustand eine Gesamthöhe von 15 Zentimetern. Sämtliche Höhenmasse des steinernen Gebäudes sind ein Mehrfaches von 15 Zentimetern, das heisst, sie gehen in einem durchgehenden Höhenraster von 15 Zentimetern auf: Böden, Stürze und Schwellen von Fenstern und Türen, Deckenuntersichten und auch alle Treppenanlagen, denn die 15 Zentimeter entsprechen der Höhe einer Treppenstufe.

Detailplan Oberlicht – Fugenverglasung

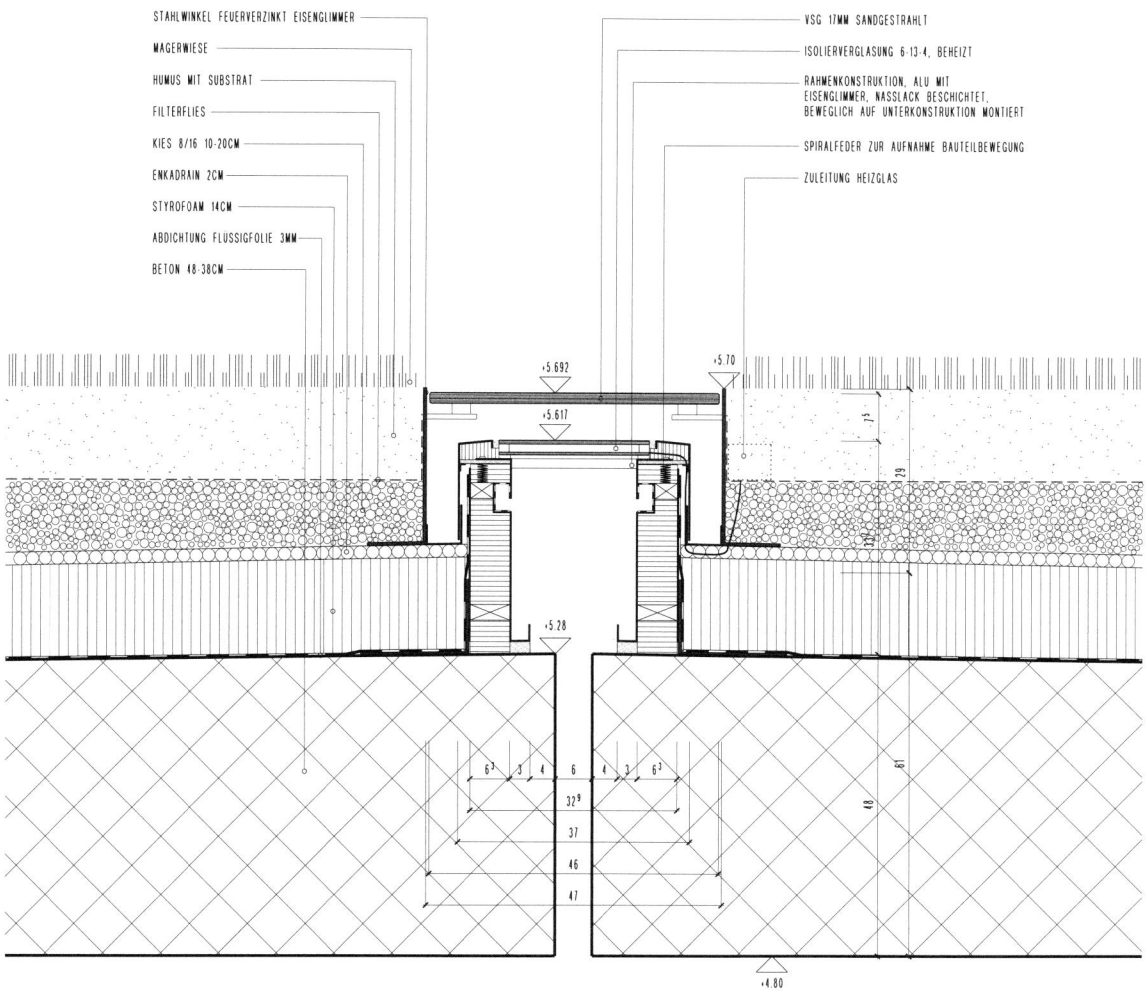

STAHLWINKEL FEUERVERZINKT EISENGLIMMER

MAGERWIESE

HUMUS MIT SUBSTRAT

FILTERFLIES

KIES 8/16 10-20CM

ENKADRAIN 2CM

STYROFOAM 14CM

ABDICHTUNG FLUSSIGFOLIE 3MM

BETON 48-38CM

VSG 17MM SANDGESTRAHLT

ISOLIERVERGLASUNG 6-13-4, BEHEIZT

RAHMENKONSTRUKTION, ALU MIT
EISENGLIMMER, NASSLACK BESCHICHTET,
BEWEGLICH AUF UNTERKONSTRUKTION MONTIERT

SPIRALFEDER ZUR AUFNAHME BAUTEILBEWEGUNG

ZULEITUNG HEIZGLAS

Detailplan Oberlicht über Innenbad

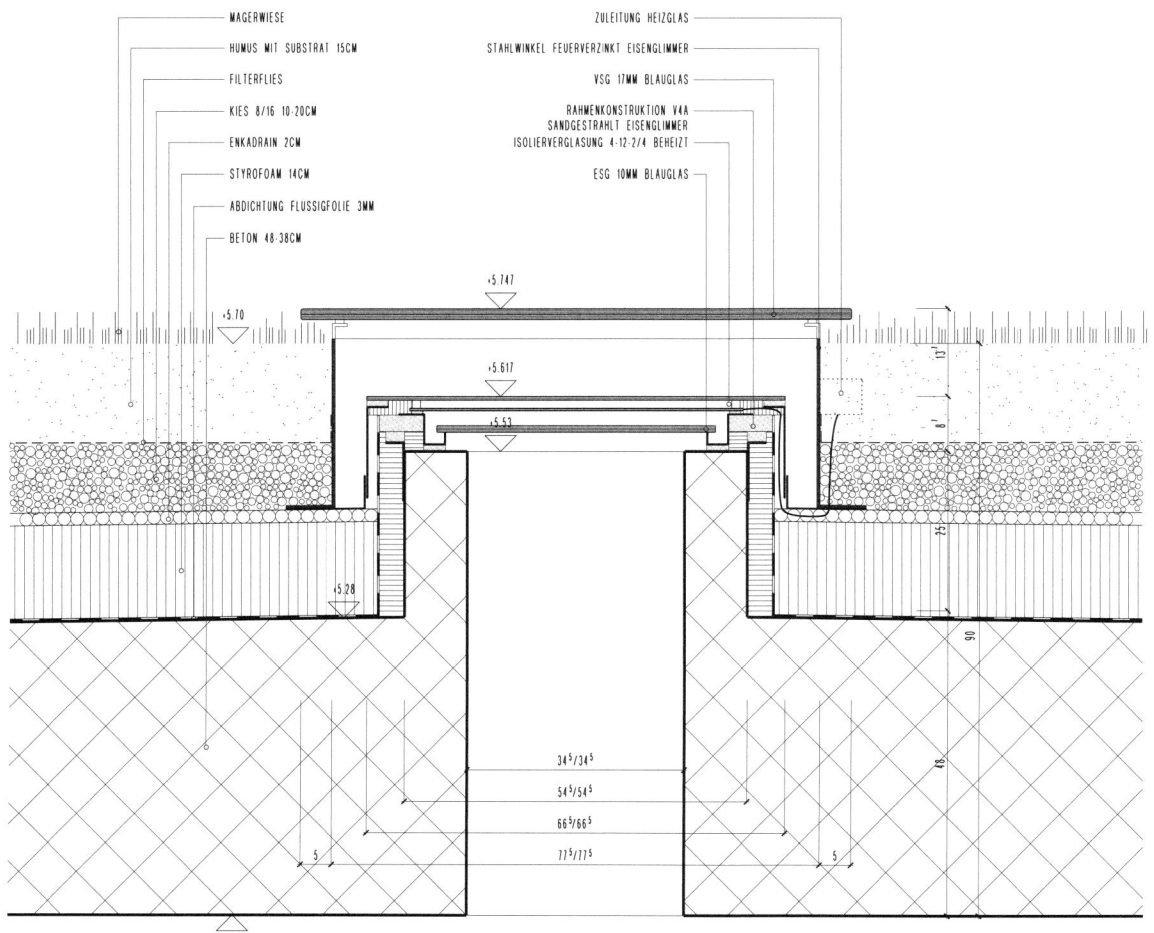

MAGERWIESE

HUMUS MIT SUBSTRAT 15CM

FILTERFLIES

KIES 8/16 10-20CM

ENKADRAIN 2CM

STYROFOAM 14CM

ABDICHTUNG FLUSSIGFOLIE 3MM

BETON 48-38CM

ZULEITUNG HEIZGLAS

STAHLWINKEL FEUERVERZINKT EISENGLIMMER

VSG 17MM BLAUGLAS

RAHMENKONSTRUKTION V4A
SANDGESTRAHLT EISENGLIMMER
ISOLIERVERGLASUNG 4-12-2/4 BEHEIZT

ESG 10MM BLAUGLAS

SCHICHTENFOLGE (GANZES BAD)
SCHICHT NR.

STEINTYPEN (IM ECKVERBAND)

Um ein gewebeartiges Fugenbild zu erhalten, dessen Textur ohne rhythmische Störungen ruhig fliesst, wurde die Abfolge der drei Steinhöhen innerhalb des Höhenrasters von 15 Zentimetern unterschiedlich gewählt und festgelegt. Mit dem gleichen Ziel, ein regelmässig unregelmässiges Bild zu erhalten, wurden auch alle Eckverbände mit besonderen Ecksteinen genau festgelegt und nach Plan ausgeführt. Zwischen den Eckverbänden konnten die Maurer im vorgegebenen Höhenraster die Steinlängen frei wählen, allerdings nur innerhalb bestimmter Regeln, die eine minimale Überlappung der Steine und eine minimale Gesamtlänge des einzelnen Steines vorgaben.

SCHICHTENFOLGE INNENBAD

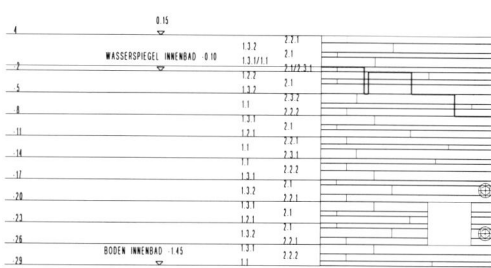

SCHICHTENFOLGE AUSSENBAD / QUELLGROTTE

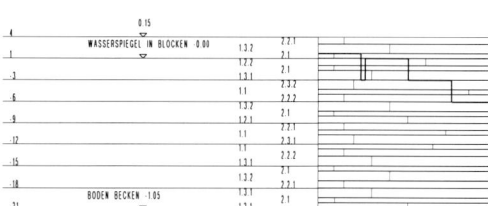

SCHICHTENFOLGE BECKEN IN BLÖCKEN

SCHICHT NR.   STEINTYPEN (IM ECKVERBAND)

ECKSTEINE:

ECKSTEIN 3.2

ECKSTEIN 3.1

ECKSTEIN 2.2

ECKSTEIN 2.1

ECKSTEIN 1
(NORMSTEIN)

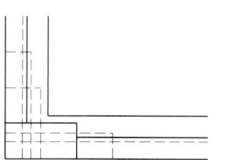

STEINSCHICHTEN 1 (15er SCHICHT)
(STIRNSEITE ECKSTEIN AUF LINKER SEITE)

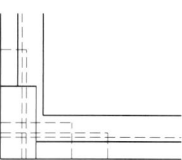

STEINSCHICHTEN 2 (12er SCHICHT)
(STIRNSEITE ECKSTEIN AUF RECHTER SEITE)

Entworfene Natürlichkeit. Marc Loeliger hat dazu die «Partitur des Mauerns» entwickelt, die auf dieser Doppelseite abgebildete Arbeitsanleitung für die Maurer auf der Baustelle, die vortrefflich gearbeitet haben und die am Schluss für einen Moment enttäuscht waren, als die Deckenschlitze geöffnet wurden und im Streiflicht winzige Unebenheiten im Steinverband plötzlich dramatische Schatten warfen. Aber das Beobachten dieser optischen Täuschung, die auf den ersten Blick ungenaue Maurerarbeit suggeriert, wurde bald zum Vergnügen.

Sparta, die Hauptstadt von Lakonien, der Provinz im Südosten des Peloponnes, ist bis circa 500 v. Chr. einer der führenden Stadtstaaten und die erste Militärmacht in Griechenland. Die Spartiaten, die in der Stadt wohnende privilegierte Herrenschicht, sind Angehörige der Kriegerkaste und haben – im Unterschied zur übrigen Bevölkerung – auch politische Rechte. Ab dem siebten Lebensjahr werden ihre Knaben in strenger staatlicher Zucht zu Kriegstüchtigkeit und Gehorsam erzogen, mit zwanzig Jahren treten sie in den Heeresverband ein und gehören diesem bis zu ihrem sechzigsten Geburtstag an. Die Spartiaten entwickeln neue Kampftaktiken und erproben diese erfolgreich in Kriegen, sie garantieren die heilige Waffenruhe während der Olympischen Spiele und haben lange das Kommando über die griechischen Truppen. Aber nicht nur ihre militärische, auch ihre politische Führungsmacht ist unbestritten. Ihre Verfassung bezeichnet der Athener Platon selbst in Zeiten des Verfalls als vorbildlich, und ihr Gehabe hat offenbar auch im Zustand der Unterwerfung beeindruckt: Die Römer bringen 146 v. Chr. ganz Griechenland unter ihre Herrschaft – *stilus laconicus* wird daraufhin zum geflügelten Wort in der lateinischen Sprache. *Laconis illa vox* formuliert zum Beispiel Cicero, und diese Redewendung meint eine Äußerung *in der Art der Lakonier* in Bezug auf deren angebliches Geschick für einfache, treffende Ausdrücke, meint im übertragenen Sinn einen wortkargen, verschlossenen Charakter. Manche europäische Sprachen besinnen sich dieses lateinischen Begriffs und nehmen ihn spätestens im 17. Jahrhundert in ihren Wortschatz auf. Ein anderes, in diesem Zusammenhang überliefertes Wort ist allerdings historisch und ein Fachausdruck geblieben: **LACONICUM** bezeichnet das Schwitzbad nach griechischem Vorbild, die Römer übernehmen diese in Militärbädern Lakoniens spezielle Einrichtung zusammen mit den dazugehörenden sportlichen und geselligen Riten und bilden daraus die Grundlage für ihre Badekultur. Vitruv gibt im fünften seiner *Zehn Bücher über Architektur* genaue Anweisungen: *Laconicum sudationesque sunt coniungendae tepidario*, es müssen also *die lakonische Halle und die Schwitzbäder mit dem Warmbad verbunden* werden, und zwar aus funktionellen und ökonomischen Gründen im Bereich der beheizten Räume, sie sind aber in der Abfolge des üblichen Badevorgangs, nämlich Frigidarium, Tepidarium, Caldarium und wieder zurück, nicht integriert, es bleibt also dem Besucher überlassen, ob er sich diesen Temperaturen noch hingibt, die Besucherin hat solche Entscheidung nicht zu treffen, denn in den Frauenabteilungen römischer Bäder hat das Laconicum keinen Platz. Daß Vitruv zum Laconicum auch *sudationes* erwähnt, heißt, daß es bei Schwitzräumen zu unterscheiden gilt: Das Laconicum meint etwas typisch Griechisches, also Fremdartiges, und es wird ein solcher Badebereich nicht generell in öffentlichen Thermenanlagen eingerichtet. Archäologen haben es eindeutig als *trocken-heißes Schwitzbad* identifiziert, es hat keine Hypokaustenheizung wie die anderen warmen und heißen Bereiche, sondern in der Mitte einen Ofen, der Holzkohle in einem Bronzebecken am Glühen hält. Vitruv fordert einen kreisförmigen Grundriß und eine halbkugelförmige Wölbung, durch die Strahlungswärme der zentralen Feuerstelle sollen die ringsum Sitzenden allmählich zu Schwitzenden werden. Über eine *Lichtöffnung* im Dach, an der *an Ketten eine Metallscheibe herabhängt*, wird durch *Emporziehen und Herablassen die Temperatur geregelt*. Die Griechen selbst nennen ihr Schwitzbad *pyria* in Ableitung von *pyr*, Feuer, und über diesen Umweg wird das lateinische Wort *purus* zu dem, was es meint, nämlich *rein*, *klar*, ja sogar *schuldlos* und ist eher eine Philosophie, eher eine religiöse Angelegenheit denn ein physischer Zustand. Dieses *Feuerbad* bildet zusammen mit verschieden temperierten Wannenbädern und dem Freibad die Grundausstattung des griechischen Bades. Im Prinzip ist es ein kleiner, abgedichteter Raum, in dem man rings um ein mit glühenden Lavasteinen oder Holzkohlen gefülltes Becken sitzt und durch die heiße Luft und die Strahlungswärme ins Schwitzen gerät. Meist steht dieses Bauwerk an einem See oder einem anderen Gewässer, so ist es auch auf manchen griechischen Ikonen abgebildet, die die Legende der *Vierzig Märtyrer von Sebaste* in Zentralanatolien zeigen: Eng aneinandergedrängt und entkleidet stehen vierzig römische Soldaten in einer kalten Winternacht auf dem Eis eines Teiches, sie sind zum Tod durch Erfrieren verurteilt, weil sie sich zum Christentum bekennen. Einer hält die Qualen nicht aus und flüchtet sich in das Badehaus daneben, aus der Öffnung im Dach steigt der Rauch. Ein Wächter aber bekehrt sich, indem er sich unter die Sterbenden mischt, und auf diese Weise ist die vorbestimmte Zahl wieder hergestellt.

Von Wasser und Dampf in diesen Badehäusern ist nichts überliefert. Beides ist aber Voraussetzung für das islamische, türkische oder maurische Bad, nach dem arabischen Wort *hammam* benannt, das heißt *wärmen*. Als Teil der Gesundheitspflege und zugleich als ritueller Akt zur Vorbereitung des Gebets spielt die Reinigung eine große Rolle in der islamischen Lebensführung. Dazu gehört das wöchentliche Bad am Freitag vor dem Besuch der Moschee, das im öffentlichen Badehaus aber neben der physischen Reinigung auch der Entspannung und den sozialen Kontakten dient – ähnlich dem römischen Thermalbad und den byzantinischen Badeanlagen, nach deren Vorbildern es geschaffen ist. Die Entwicklung von Hammam-Bauten hängt eng mit der von Moscheen zusammen und mit der Islamisierung der arabischen Völker im 7. Jahrhundert, die unter den Omajjaden innerhalb von hundert Jahren nach Osten bis zum Indus und nach Westen bis zu den Pyrenäen reicht. Nach den Vorschriften des Koran ist *nur das fließende Wasser* reinigend. Daher gilt das Bad in einer Wanne oder das Schwimmen in einem Becken nicht als Reinigung in diesem Sinn. Ein Hammam besteht prinzipiell aus einem großzügigen Eingangsbereich, einem Übergangsraum und dem Schwitz- beziehungsweise Dampfbad, dem eigentlichen Baderaum, er ist oktogonal, hat eine Temperatur von circa 40 Grad und noch heißere Bereiche in den Wandnischen, ein dünner Wasserstrahl erzeugt die nötige Feuchtigkeit. Sitzbänke und Waschbrunnen an den übrigen Wänden, darüber Gewölbe oder Kuppeln, die das einfallende Licht durch kleine runde oder auch sternenförmige Öffnungen streuen: Der in der Hitze und im Dampf schwitzende Körper wird in der Mitte des Raumes auf dem *Nabelstein*, einem großen Marmorpodest, massiert, dieses wird, wie auch der Fußboden, unter seiner Oberfläche von heißer, in Kanälen zirkulierender Luft warm gehalten, die Heizungsluft und das Waschwasser werden in der angrenzenden Heizungsanlage erhitzt. Nach der Massage erfolgt die Reinigung an einem der Brunnen ringsum, wieder draußen in der Eingangshalle Ruhe für den Körper, Besinnung oder anregendes Gespräch für den Geist. So holt sich die islamische Badekultur ihre Inspirationen aus den römischen Thermen, bereichert sie mit Einflüssen aus den unterworfenen byzantinischen und persischen Gebieten, mit der Eroberung Spaniens durch die Omajjaden am Beginn des 8. Jahrhunderts wird diese Bauform auf europäischem Boden in allen Varianten weiterentwickelt, von den osmanischen Türken auf dem Balkan und in Ungarn bis ins 17. Jahrhundert fortgesetzt, inzwischen werden auf Kreuzzügen ab dem Ende des 11. Jahrhunderts die orientalischen Bäder entdeckt und ins mittelalterliche Europa zurückgeholt, wo bis zum 15. Jahrhundert die mit Kräutern und Blüten angereicherten öffentlichen *Schwitzbäder* Maler, Kupferstecher und Dichter zu teilweise ausschweifenden Phantasien anregen. Zumindest die Sprache hat aus diesen Zeiten das jiddische *schwizbod* erhalten, dieses hat allerdings dergleichen Vergnügungen nicht kennengelernt, dient den Männern zur wöchentlichen Reinigung vor dem Sabbat und vermeidet, in ein durch Christen untauglich gemachtes Gewässer zu geraten.

Es kann aber auch alles anders entstanden sein. Das Prinzip des Schwitz- und Dampfbades gibt es schon lange vor der griechischen Antike in Zentralasien: Herodot, der älteste griechische Geschichtsschreiber, unternimmt um 450 v. Chr. weite

Reisen nach Asien und Afrika und berichtet unter anderem von den Baderitualen der Skythen, iranischen Hirtennomaden, die aus Zentralasien oder Sibirien stammen und bereits im 8. Jahrhundert v. Chr. die russische Steppe bewohnen. Im 7. und 6. Jahrhundert tauschen sie an den Küsten des Schwarzen Meeres mit den Griechen Luxusgüter und Metallwaren gegen Weizen. Als Nomaden haben sie keine festen Wohnsitze, ihr Schwitzbad befindet sich also unter einem aus Filzdecken aufgespannten Zeltdach, wo in der Mitte *auf glühende Steine gestreute Hanfsamen heiße Dämpfe mit berauschender Wirkung erzeugen*. Sie haben vermutlich die Griechen das Schwitzen gelehrt. Was kultischen Hintergrund hat, wird leicht zum Vorbild: In nördlicher Richtung erreicht es die finnischen Völker und wird dort als Sauna zum Symbol nationaler Identität besonders in Zeiten der Fremdherrschaft. Das finnische Wort *sauna* heißt *hölzernes Badehaus*, die inzwischen weltweite Einrichtung unter diesem Begriff hat mit dem ursprünglichen und örtlichen Brauch nur eine entfernte Verwandtschaft. So scheint also das griechische *Feuerbad* nicht nur über die römische Aneignung als Laconicum in die Geschichte eingegangen zu sein, sondern auch in dieser jahrhundertelangen Entwicklung der europäischen Badekultur sozusagen die Rolle des Interpreten erhalten zu haben, nach der ursprünglichen lateinischen Bedeutung des Wortes als Vermittler, Dolmetscher, Unterhändler, Erklärer und Übersetzer. Eines ist sicher: Spätestens im 15. Jahrhundert bereitet die Kirche den feuchten freudigen Eskapaden ein vorläufiges Ende, fast drei Jahrhunderte muß dann die Menschheit im christlichen Abendland auf das öffentliche Bad und das gemeinsame Badevergnügen weitgehend verzichten.

Franz Kiechle, Lakonien und Sparta – Untersuchungen zur ethnischen Struktur und zur politischen Entwicklung Lakoniens und Spartas bis zum Ende der archaischen Zeit, München 1963. Vitruv (Curt Fensterbusch, Übers.), Zehn Bücher über Architektur, Darmstadt 1964. Marga Weber, Antike Badekultur, München 1996. Stefano Bianca, Hofhaus und Paradiesgarten – Architektur und Lebensformen in der islamischen Welt, München 1991. Leo Rosten, Jiddisch – Eine kleine Enzyklopädie, München 2002.

Angeblich waren Nichtjuden immer wieder erstaunt über den Reinheitskult von jüdischen Mitbürgern, deren Familien sauberer und gesünder als andere zu sein schienen. Die **MIKWE** ist das jüdische Tauchbad, ein Begriff, abgeleitet aus dem hebräischen *mikwá*, meint ein jüdisches Ritual, meint wörtlich Sammlung oder Ansammlung von Wasser, meint ursprünglich auf den religiösen Ursprung sich beziehend das Meer im Gegensatz zur Erde, so im Buch Genesis, im ersten Buch Mose, und gemeinsam mit Franz Rosenzweig übersetzt Martin Buber nicht nur diese Stelle neu, würdigt wohl die Übertragung seines Namensbruders Luther, aber wandelt Satz um Satz vom Grund aus, seine Bibel soll das Dokument der gesprochenen Sprache sein, was er in langjähriger teils gemeinsamer, teils einsamer Arbeit vorlegt, nennt er die *Verdeutschung der Schrift*. So läßt Buber das Wasser sich nicht sammeln oder ansammeln, sondern an einem Ort *sich stauen*, auf daß *das Trockne lasse sich sehn*, läßt schon eingangs die Sprache als Anrede vernehmen, läßt seine Dinge und Menschen nicht nennen, sondern rufen: *Dem Trocknen rief Gott: Erde! und der Stauung der Wasser rief er: Meere!* Die Mikwe macht einen Unterschied zwischen sauber und rein: Rein ist dem Leben nahe, alles Lebendige stirbt und ist doch nicht tot und wird wieder geboren, das ist ein sich stets fortsetzender Vorgang, der Tod wird in diesen Kreislauf eingebunden und vor jedem gewissen Anlaß vorweggenommen, um Wiederbelebung zu werden: Das sind die großen Feste im Jahr, das sind die besonderen Ereignisse im Leben eines Menschen, das ist die wöchentliche Vorbereitung zum Gottesdienst am Vorabend des Sabbat. Als Ritualbad wird es in der Mischna vorgeschrieben, *mischná* ist das Lernen, das Wiederholen, es umfaßt die ursprünglich mündlichen Erläuterungen, Untersuchungen und Deutungen der in der Tora schriftlich festgelegten jüdischen Lehre. Die Mischna bildet gemeinsam mit der später entstandenen Gemara den Talmud, das aus mehreren Büchern bestehende Kompendium von Diskussionen, Dialogen, Kommentaren, Auslegungen, Beschlüssen und Schlußfolgerungen jener Gelehrten, die in jahrhundertelanger Beschäftigung mit den von Moses und den Propheten überlieferten Schriften der Tora deren Inhalt auf verschiedenste Weise zu deuten versucht und für die Gestaltung des Alltags, der Feiertage und der Zeremonien angewandt haben. In der sechsten ihrer sechs Ordnungen widmet sich die Mischna den Reinheitsgeboten und bezieht sich in ihrem Verständnis auf die Vorschriften, die Gott im Buch Levitikus, im dritten Buch Mose, seinem Volk auferlegt, direkt angerufen wird Moses, auf daß er zu Aron und seinen Söhnen rede. Die Leviten waren Tempeldiener, denen ausschließlich kultische Funktionen bei Opferhandlungen vorbehalten waren, deshalb ist dieses Buch allgemein nach ihnen benannt, Buber überträgt aber in seinem Sinne auch nach dem Wortlaut, das dritte Buch heißt also bei ihm *Er rief*, nach dem Hebräischen *waj-jikra*, den ersten und immer wiederholten Worten, denn man soll in der Schrift *das Sprechen hören*.

Unreinheit ist das Symbol für den Tod, Reinheit das Symbol für das immer wieder-kehrende Leben, in anderen Worten: Je unreiner desto näher dem Tod, also wird ein Lebenslauf zu einer ständigen Neugeburt erklärt. In diesem Sinne soll vor allem am Leben der Frau dieser Rhythmus sichtbar sein und wird die Mikwe mit den Rein-heitsvorschriften für Frauen in Verbindung gebracht: So haben die Bräute vor ihrer Hochzeit sowie die frommen Frauen am Ende ihrer Periode und nach der Geburt eines Kindes rituellen Vorschriften gemäß vollständig im Wasser unterzutauchen, um wieder als rein zu gelten, tun sie das nicht, bleiben sie im Zustand der Unreinheit, und allem in Berührung mit ihnen, vor allem den beteiligten Männern, gelten indi-rekt diese Gebote. Der Zyklus der Frauen wird so zu einer das jüdische Eheleben bestimmenden Lebenshilfe erklärt. Daß gerade dadurch Mißverständnisse entstehen und gewisse Interpretationen provoziert werden, das haben wohl auch die Erfinder und Deuter der Tora und des Talmud zu verantworten. Nach jüdischem Gesetz hat der Bau eines rituellen Tauchbades Vorrang vor der Errichtung einer Synagoge oder eines Gemeindezentrums, die Mischna gibt detaillierte Vorschriften: Das Wasser darf eine bestimmte Menge nicht unterschreiten und muß *natürlich gesammelt,* also *nur mit Hilfe der Schwerkraft aus nicht gestauten Flüssen oder Seen in das Mikwe-Becken gelangt* sein. Grund-, Quell- oder Regenwasser erfüllt die Bedingung, dem-entsprechend liegen mittelalterliche Bäder meist tief im Erdreich und sind vielfach nur zugeschüttet worden, inzwischen vergessen, aber doch erhalten, wenn auch dar-über die Städte und Stätten verwüstet oder verbrannt, die Menschen vertrieben oder getötet. In Bubers *Erzählungen der Chassidim* taucht ein Rabbi am Nachmittag vor dem Versöhnungstag nicht wie seine Begleiter in den Bach, sondern sinkt am Ufer in den Schlaf. Wieder erwacht kehrt er zurück in die Stadt mit den anderen und mit den *von einem neuen Leben zeugenden Mienen und Gebärden* wie stets nach dem Bade. *Das Tauchbad ohne Wasser* – so heißt diese Episode: Die überlieferte Weisheit gesteht also dem Schlaf ebensolche Reinigungskraft zu wie dem Tauchbad. Im Levitikus folgen nach den Unreinheitsbestimmungen und Reinigungsvorschriften unmittelbar die Richtlinien zum Jom Kippur, dem Versöhnungstag, einem der beiden höchsten jüdischen Feiertage, insofern steht Reinigung vor Versöhnung. Ein Sündenbock solle an diesem letzten der Bußtage mit allen Verfehlungen und Sünden des Volkes beladen werden und damit von einem bestimmten Mann fortgeführt und ausgesetzt: *Freischicke er dann den Bock in der Wüste*. Mancherorts in Europa und den USA erinnert in der Mikwe nur noch wenig an die traditionelle Zweckmäßigkeit des ursprünglichen Tauchbades, das zum Wellness-Center mutiert die religiöse Zeremonie als Wohlfühlerlebnis bewirbt. So ein Ritual nicht mehr gültig, beginnt sein Ersatz sich geltend zu machen.

Martin Buber, Franz Rosenzweig, Die fünf Bücher der Weisung, Stuttgart 1992. Efrat Gal-Ed, Das Buch der jüdischen Jahresfeste, Frankfurt am Main – Leipzig 2001. Leo Rosten, Jiddisch – Eine kleine Enzyklopädie, München 2002. Martin Buber, Die Erzählungen der Chassidim, Zürich 1990.

Eine Gründungssage von einem Hirsch, der weidwund seinen Jäger zum heilenden Gewässer führt, kennt die Valser Sagenwelt nicht, weder die Walser, die am Beginn des 14. Jahrhunderts zugewandert sind, noch die Rätoromanen, die schon vorher verstreut den Talboden bewohnt und bewirtschaftet haben, erzählen dergleichen. Die Geschichte aber weiß von Zeugnissen einer prähistorischen Kultur: Beim Bau der ersten Therme Vals, die 1893 in Betrieb genommen wurde, stieß man *auf eine tief verschüttete, gemauerte, eigentümliche Badezisterne* – so die Chronisten. In dieser Zisterne *fanden sich Knochen von Rind, Schwein, Ziege oder Schaf und Pferd* sowie *Topfscherben aus der Bronzezeit.* Mehr ist dazu nicht überliefert, mag sein, daß die Zisterne mit einem Bad verbunden war, mag sein, daß die Relikte auf einen Kult- oder Opferplatz hinweisen. Jedenfalls wurde der Fund zunächst *wenig beachtet* und also zum Teil *zerschlagen* und *weggeworfen,* erst später urgeschichtlich erforscht. Es gibt auch keine heilige Legende, die sich auf die **QUELLE** und ihren Ursprung bezieht – *Valser St. Petersquelle,* so wird sie auf den Etiketten der Mineralwasserflaschen genannt, *von ganz tief oben* steht darauf zuoberst, der Heilige ist auf einem kleinen silbernen Medaillon im Schnittpunkt zweier zu einem V sich treffender weißer Linien sichtbar, also am tiefsten Punkt eines Ausschnitts auf dem Flaschenkleid, hinter ihm, sozusagen im Dekolleté der Flasche, steigt in einer stilisierten Darstellung aus der Talsohle von Vals das Gebirge empor. Am Fußpunkt des Heiligen macht das weltbekannte weiße Kreuz auf rotem Schild auf sich und ihn aufmerksam, in Händen hält er seine Attribute: rechts den Schlüssel, links das Papstkreuz mit seinen drei Querbalken. Der Name der Quelle geht zurück auf das Patrozinium St. Peter, so hieß die Kirche in Vals-Platz, urkundlich erstmals 1451 erwähnt, 1643 teils abgerissen, neu errichtet den beiden Heiligen Peter und Paul geweiht. Die romanische Bevölkerung benennt auch das Tal nach dem ursprünglichen Patron: Val Sogn Pieder.

Unzählige Chronisten haben ab dem 16. Jahrhundert Geschichte und Geschichten über das Wasser, seine Heilkraft und seine Nutzung überliefert. Um die Jahrhundertwende sammelte Johann Josef Jörger, der 1860 in Vals geborene, bis zu seinem Tod im Jahr 1933 als Arzt tätige Heimatforscher, historische und topographische Besonderheiten des Tales und zeichnete sie auf, er beschäftigte sich mit der Sprache, den Bräuchen und der Architektur der Einwohner und hielt dies in mehreren Publikationen fest. Diese Tradition hat im 20. Jahrhundert Robert Schwarz, Jurist, Rechtsanwalt der Bündner Ärztekammer und Anwalt der Therme Vals ab den 1960er Jahren, weitergeführt, und Peter Schmid, Schriftsteller und Schafhirt, Präsident der Baukommission der Therme und in der entscheidenden Phase der Realisierung auch Präsident der *Hotel und Thermalbad Vals AG*, setzt diese Forschung fort und bereichert die bestehenden Erkenntnisse mit immer neuen Zusammenhängen, Daten und Belegen. Der Hang oberhalb der Therme heißt demnach *heute noch Roota Häärd* – in den zeitgenössischen Berichten aus dem 17. Jahrhundert schreibt sich diese Stelle anders, nämlich *rodter Herdt*, schon damals hat sich herumgesprochen, daß *da ein gut gsund Bad-Wasser* sei für jene, *so das kalt Wehe habend*. Zwar weiß man aus den Chroniken *von einem Haus zum Bad in Vals* im 17. Jahrhundert, dann aber ist trotz mehrerer fachlicher Gutachten die Quelle bis zum Beginn des 19. Jahrhunderts ungenutzt geblieben.

Viele Ärzte und Apotheker haben sich mit zunehmendem Bekanntwerden dieser Hinweise ab dem 16. Jahrhundert zu den Qualitäten und Heilkräften des Quellwassers geäußert. Die *erste chemische Untersuchung* wurde von einem Apotheker aus Chur im Jahr 1826 erstellt, um die Mitte des Jahrhunderts entstand daraufhin *ein Bade- und Kurhaus*. Eine weitere *ausführliche chemische Untersuchung* folgte 1873, im Jahr der Wiener Weltausstellung, wo *die Valser Heilquelle als einzige Therme Graubündens* vertreten war. Am Ende des 19. Jahrhunderts, mit der europaweiten Entwicklung des Kurort-Tourismus, wurden auch in Vals dafür die Grundlagen geschaffen: Eine wesentliche Voraussetzung war der Bau einer *Fahrstrasse von Ilanz nach Vals*, 1880 wurde sie eröffnet. Der nächste Schritt war die Gründung einer *Aktiengesellschaft Therme in Vals* 1891, zwei Jahre später erfolgte die Eröffnung des neuen Kurhauses *mit sechzig Betten und einem Badehaus*. Auch wurde – so Robert Schwarz – *das Valserwasser erstmals in Flaschen abgefüllt und in den Handel gebracht*. Nach einer Zeit der Rezession, in der auch die Aktiengesellschaft aufgelöst werden mußte, erfolgte ab 1936 ein trotz der Krisen- und späteren Kriegszeiten neuerlicher Aufschwung, der mit der Persönlichkeit des geschäftstüchtigen und charismatischen Besitzers Alfred Grüniger zusammenhängt und mit dessen Tod im Jahr 1954 endet. Unter seiner Führung war erstmals ein Außenbad entstanden und das Bad sogar in den Wintermonaten offen geblieben. Erst 1960 – inzwischen war am Ende des Tales, circa drei Kilometer vom Ort entfernt, der Staudamm für die Kraftwerke Zervreila AG fertiggestellt worden – fand sich wieder ein Käufer für die Kurhausliegenschaft und die Quellen: Unter der Leitung des *Mineralwasserfachmanns*

Kurt Vorlop aus Salzgitter-Bad in Niedersachsen entstanden bis 1970 vier nach funktionalistischen Erfolgsrezepten errichtete Hotelbauten mit insgesamt *1000 Betten in 345 Appartements* sowie *das erste hochalpine Thermal-, Mineral-, Wellen-, Hallen- und Freibad Europas*, weiters ein Abfüllwerk und ein Vertrieb für das Mineralwasser, die Valser Mineralquellen AG, Partner dafür wurde der Schweizer Donald M. Hess, Inhaber einer Brauerei in Bern. *Das Wasser gelangte als Valser St. Petersquelle in den Handel*, die Werbung bediente sich der Gutachten von Fachleuten, die *Calcium-Sulfat-Hydrogencarbonat-Therme* wurde zum Baden und Trinken gleichermaßen empfohlen.

Heute sind zwei, voneinander unabhängige Gesellschaften an der Nutzung der Mineralquellen beteiligt, schreibt Peter Hartmann 1998 in seiner ausführlichen Dissertation *Die Entstehung des Valser Mineralwassers*: *Die Gemeinde Vals ist Eigentümerin der Quellen und Hauptaktionär der Hotel und Thermalbad Vals AG (Hoteba), welche das Thermalbad und Kurhotel führt. Die Valser Mineralquellen AG mit Firmensitz in Bern (Hess Holding) betreibt die Abfüllanlage und verkauft das Valser Wasser. Beide Parteien haben ein vertragliches Nutzungsrecht zu je der Hälfte des austretenden Mineralwassers im Bereich der bestehenden Mineralquellen.* Diese Informationen sind in der Zwischenzeit überholt. Im Oktober 2002 verkauft Donald M. Hess die Valser Mineralquellen AG an den Getränke-Multi Coca-Cola, der neue Eigentümer heißt Coca-Cola Beverage AG mit Sitz in Bolligen und Zentrale in Brüttisellen, das garantiere *bessere Vertriebskanäle, da so viele Billigwässer den Schweizer Markt überschwemmen*, so die Informationen im *Visitorcenter* in Vals. *Dank des dichten Vertriebsnetzes sollte das Bündner Wasser bald überall auf der Welt getrunken werden*, so die Ankündigungen in den Medien. Die Quelle ist nach wie vor im Eigentum der Gemeinde. Circa zwei Drittel des Wassers der beiden derzeit genutzten Quellen – Neubohrung und Obere Fassung – werden in das Abfüllwerk geleitet. Coca-Cola verhandelt angeblich *mit der Gemeinde seit Jahren über eine höhere Nutzung der Quelle*. Experten werden herangezogen, die *zu weiteren Bohrungen* und größeren Wassermengen raten, denn die Erfolgsprognosen der neuen Betreiber, nämlich den Export innerhalb weniger Jahre *zu verdoppeln*, sind noch nicht aufgegangen. PET-Flaschen im Design von Mario Botta und Luigi Colani unterscheiden die Kategorien *classic* für *natürliches Mineralwasser* und *sweet* für *innovative Geschmacksrichtungen*. *Trink was du willst, aber Spass muss sein*: Die neue

Generation von *Trend-Getränken* duzt ihre Konsumenten und wirbt mit unverbind-lichen Allerweltssprüchen. Mit *Fruchtaromen* wie *Limette* und *Zitronengras* sollen in Zukunft nicht nur der europäische, sondern auch der asiatische Markt erobert wer-den. Die Werbung aber verspricht: *Alles wird besser, Valser bleibt gut* – ein Slogan, der bis zum heutigen Tag über mehrere Generationen von Filmspots beibehalten worden ist.

Johann Josef Jörger, Bei den Walsern des Valsertales (1913), bearbeitet und erweitert von Paula Jörger (1947), 5. Auflage, Basel 1998. Robert Schwarz, Bad Vals – Festschrift zum 150jährigen Bestehen des Bündnerischen Ärztevereins, Chur 1971. Peter Hartmann, Die Entstehung des Valser Mineralwassers, Dissertation ETH, Zürich 1998 (ein Teil dieses Werkes ist als Broschüre im Besucherzentrum der Valser Mineralquellen AG erhältlich). Peter Schmid, Die Geschichte der Therme, in: Hotel Therme Vals (Hg.), Stein und Wasser – Kultur Sommer 2006, Vals 2006. Hugo Wyler Merki, Coca-Colas Durst ist nicht gelöscht, in: Berner Zeitung 9.5.2006, Bern 2006.

Quellwasser St. Petersquelle
Neubohrung vom 28. April 1987
Wassertemperatur 30,1° Celsius
pH-Wert 6,5

Natürliches Mineralwasser
calciumhaltig
magnesiumhaltig
sulfathaltig

geeignet für die natriumarme Ernährung

Kationen (mg/l):

Ammonium	*weniger als*	0,005
Lithium		0,02
Natrium		10,7
Kalium		2,0
Magnesium		54
Calcium		436
Strontium		8,8
Barium		0,05
Mangan		0,025
Zink	*weniger als*	0,01
Cadmium	*weniger als*	0,0001
Quecksilber	*weniger als*	0,0001
Kupfer		0,001
Blei	*weniger als*	0,001
Aluminium	*weniger als*	0,01

Anionen (mg/l):

Fluorid		0,63
Chlorid		2,5
Bromid	*weniger als*	0,05
Iodid		0,018
Nitrat	*weniger als*	0,1
Hydrogencarbonat		386
Sulfat		990
Hydrogenphosphat	*weniger als*	0,05
Hydrogenarsenat		0,005

Undissoziierte Bestandteile (mg/l):

m-Kieselsäure	25
o-Borsäure	0,71

Summe der gelösten Bestandteile rund 1918

Gelöste Gase (mg/l):

Sauerstoff	0
Schwefelwasserstoff	0

kein Geruch

Kohlendioxid	115

Wenn am Abend die Gäste das Bad verlassen haben, hat die Therme nur kurze Zeit Ruhe, denn bald darauf schaltet die Bademeisterin das gedämpfte Licht aus und hell strahlende Scheinwerfer ein. Vier in verschiedenen Farben leuchtende Knöpfe auf dem *Steuerungstableau* im Raum der *Betreuung* signalisieren und kontrollieren die der jeweiligen Bade- und Arbeitszeit entsprechenden Lichtverhältnisse: Gelb gilt für die *Deckenleuchten* und Grün für die *Unterwasserbeleuchtung* während des Badebetriebs, Rot für die *Zugangsleuchten* bei den Eingängen der einzelnen Bereiche und Weiß für die *Reinigungsbeleuchtung*. In den Skizzen und Plänen, die sich den künstlichen Lichtverhältnissen widmen, steht dazu *Putzleuchten*, es sind dies Scheinwerferlampen, die tagsüber zurückhaltend, aber unübersehbar an den Decken hängen, abends, wenn sie zum Einsatz kommen, ändern sie die Atmosphäre, die Proportionen und auch die Akustik in den Räumen. Dem an diesem Tag diensthabenden Bademeister obliegt nach dem Badebetrieb auch die **REINIGUNG** der Innenbecken, die in einer immer wiederkehrenden Abfolge wöchentlich einmal zu entleeren, gründlich zu reinigen und danach mit frischem Wasser wieder zu füllen sind. Leeren und Füllen erfolgt über Knopfdruck auf dem *Steuerungstableau*, das Reinigen dagegen mit schweißtreibendem Körpereinsatz. *Am Freitag wird das Innenbad entleert*, eine gute halbe Stunde dauert es, bis das Wasser durch den zentralen Messingrost im *Ablauf* verschwunden ist, je weiter der Pegel sinkt, desto schneller scheint es sich im Wirbel hineindrehen zu wollen, *das ist der Nabel der Therme*, sagt Margrit Derungs zu diesem wöchentlichen Ereignis, sie ist Bademeisterin seit dem Jahr 2003 und für den Betrieb bereits über viele Jahre hinweg tätig. Das verbrauchte Wasser wird ein Geschoß tiefer in das unter dem *Aussenbad* befindliche *Abwasserreservoir* geleitet, dort wird ihm die wertvolle Wärme entzogen und für das Heizungssystem rückgewonnen, auf vier Grad abgekühlt wird es daraufhin gereinigt und fließt dann über den Valser Rhein und den Vorderrhein weiter in den Rhein.

Bei der Reinigung der Becken hat sich die Bademeisterin an genaue Vorschriften zu halten, die im Architekturbüro zusammen mit Spezialisten von verschiedenen Reinigungsfirmen entwickelt worden sind. Mit einem Spritzbehälter an einem langen Schlauch wird eine Reinigungs- und Desinfektionslösung auf Boden, Stufen und Wände aufgesprüht, dann wird Steinlage um Steinlage, horizontal und vertikal, mit einer groben Bürste geschrubbt. Messingstangen und Unterwasserleuchten werden mit Kalkentferner behandelt, danach alles mit einem starken Wasserstrahl abgespült. Zur gleichen Zeit beginnt in den übrigen Räumen eine Putzmannschaft von drei bis vier Personen ihre allabendliche Nachtschicht, sie arbeiten mit *Saugbürstenmaschinen* und *Hochdruckreinigern*, das Procedere hat Routine: Stein, Messing, Holz und Leder, alle unbeweglichen und beweglichen Teile der Therme werden zunächst mit dem Reinigungs- und Desinfektionsmittel eingeschäumt, dann abgespritzt und nachgespült. Die Zusammensetzung der Lösung ist vorgeschrieben und die Verdünnung mit Wasser exakt einzuhalten. Die Angaben gehen zurück auf ein Gutachten des Geologen Peter Eckardt, *wir nennen ihn den Natursteinpapst der Schweiz*, sagt Pius Truffer, der in seiner Funktion als Präsident des Verwaltungsrates der gemeindeeigenen Hotel und Thermalbad Vals AG den Experten *sofort eingeschaltet hat*, als in der Planungsphase die Debatten gegen das neue Bad, gegen die Bauweise mit Valser Steinen und gegen die Architektur von Peter Zumthor hitzig und mit teilweise polemischen Argumenten von Gemeindevertretern und sogar von einigen Mitgliedern aus den eigenen Reihen geführt wurden. Peter Eckardt hatte verschiedene Bedenken gegen den Gebrauch der Valser Steine im Zusammenhang mit dem Valser Wasser zu entkräften, ebenso die Zweifel, ob dieser Stein dem üblichen Standard gemäß gereinigt und desinfiziert werden könne – für solche oppositionelle Aussagen waren sogar die widersprüchlichen Meinungen von Bäderfirmen eingeholt worden. *Bei hartnäckigen Fettflecken sei* – so der Experte – *Pfeifenerde aufzutragen, bei der Grundreinigung könne aus der Sicht des Gesteins auch Säure verwendet werden, die Frage sei dann aber, wie der Badegast reagiere auf Säurerückstände, grundsätzlich vertrage der Stein jegliche Art von Reinigungsmittel, die für den Badegast auch unbedenklich seien, aber nicht umgekehrt.*

Jeden zweiten Dienstag wird das Aussenbad entleert, dieser Vorgang dauert fast dreimal so lange wie beim *Innenbad*, es hat auch fast dreimal soviel Wasserinhalt, entsprechend aufwendiger ist die Reinigungsarbeit, im Winter bei Minusgraden bedarf das außergewöhnlicher Körperanstrengungen. Auch dieses Wasser wird – wie das aus den anderen Becken – zunächst zur Wärmerückgewinnung in das *Abwasserreservoir* geleitet, nur das *Blütenbad* hat einen eigenen Kreislauf und einen eigenen Filter und es wird gleich dreimal wöchentlich entleert und neu gefüllt. Eine Maschine der italienischen Firma Idracos trennt die verbrauchten Blüten vom Wasser, es ist eine Maschine, die eigentlich für landwirtschaftliche Zwecke entwickelt worden ist, die Erfinder des *Blütenbades* mußten diesbezüglich erst fündig werden. Nach der Entleerungs- und Reinigungsprozedur wird das jeweilige Becken mit Wasser aus dem *Frischwasserreservoir*, das sich unter dem *Innenbad* befindet, wieder gefüllt. In diesen abendlichen Stunden scheint eine besondere Beziehung zwischen Mensch und Raum zu entstehen: *An der Therme hängt mein ganzes Herz*, sagt die Bademeisterin, sie hat nach ihrer Arbeit den entsprechenden Knopf für den Wasserzufluß zu drücken, das *Innenbad* ist in drei Stunden wieder voll, dies geschieht automatisch und muß ihrerseits nicht mehr überwacht werden.

Rainer Weitschies, Der Thermalwasserkreislauf, in: Hotel Therme Vals (Hg.), Informationen und Preise – Winter 01/02 ff, Vals 2001 ff. Claudia Knapp, Die Nacht in der Therme, in: Hotel Therme Vals (Hg.), Stein und Wasser – Kultur Sommer 2003, Vals 2003.

BAUSTOFFE Das Hamam neben meinem Hotel in der Altstadt von Damaskus, das ich im Frühling 2006 besuchte, entfaltet seine dem Baden und Reinigen des Körpers dienende architektonische Schönheit im Innern. Von aussen ist das Gebäude unscheinbar. Auch unsere Arbeit am Valser Bad war fast ausschliesslich Arbeit am Innenraum. Das Äussere des Gebäudes, des aus dem Hang ragenden grossen Steinblockes, haben wir von innen heraus entstehen lassen, hat von innen heraus seine Form gefunden. Aber was hat uns eigentlich wirklich geleitet bei der Arbeit am Innenraum? Welche Ideen und Vorstellungen halfen uns, jenseits der spielerischen Bilder von Steinbrüchen, Blöcken und Riesentischen, die uns am Anfang beflügelten, nun am Ende wirklich eine besondere Badeatmosphäre zu schaffen?

Räume mögen ihre Existenz einer Idee verdanken, aber am Schluss bestehen sie aus Stoff, aus Material, das häufig keiner Idee gehorcht, sondern zu seinem Recht kommen will.

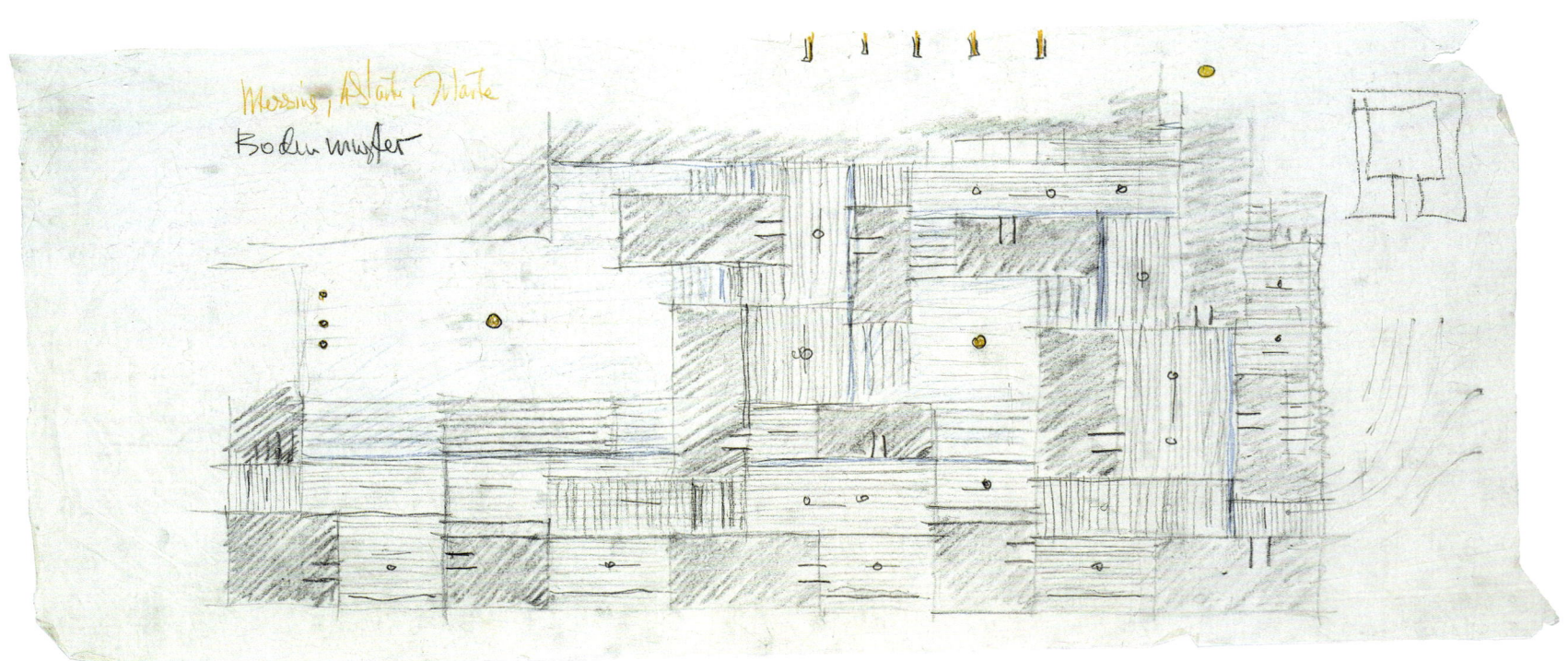

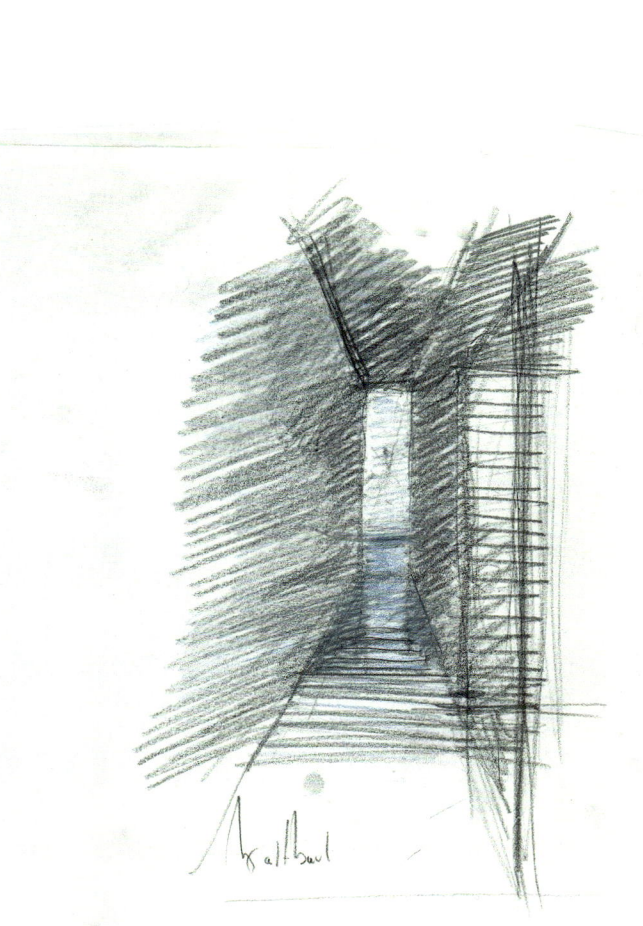

Auf dem Weg zur Stofflichkeit, zur materiellen Präsenz des Bades haben wir mehr und mehr gelernt, auf unseren Stein zu vertrauen. Nicht immer war klar, dass ausschliesslich Valser Stein verwendet werden sollte. Es gab eine Phase, etwa in der Mitte der Entwurfsarbeit, in der wir für eine Weile dem einheimischen Stein eine ausländische Schwester, wie wir damals sagten, beigesellen wollten und versuchsweise mit einem steinernen Zweiklang arbeiteten: feste Baumasse aus Valser Gneis und leicht aufgelegte Bodenmembranen aus Pietra Dorata, einem Stein aus Italien. Doch schon bald darauf fassten wir wieder Mut und entschieden uns, ausschliesslich «unseren Stein» zu verwenden und auf die atmosphärischen Qualitäten zu vertrauen, die uns das mit Steinen aus Valser Gneis für eine Valser Gemeindeversammlung gebaute und mit Wasser gefüllte Steinmodell (Seite 138/139) schon früher vor Augen geführt hatte: Stein und Wasser können in der Architektur eine natürliche, vielleicht sogar magische Verbindung eingehen. Der Stein liebt das Wasser. Und das Wasser liebt den Stein, vielleicht mehr als jedes

andere Material. Die Modellbilder zeigen es: Steine bilden einen Raum; der Raum aus Stein hält das Wasser; Licht dringt an ausgewählten Stellen ein und der Stein leuchtet auf; das Wasser beginnt zu strahlen, manchmal als Spiegel, manchmal als Masse – und schon ist sie da, diese Stimmung, diese besondere Atmosphäre. Man muss sie nur sehen. Ein Geschenk.

Und damit der Stein dem menschlichen Körper schmeichelt, muss man ihn wärmen, damit er sich anfühlt, wie von der Sonne gewärmt. Und man muss den Stein als Masse wirken lassen, ihm nicht zu viele architektonische Formen und skulpturale Visionen aufzwingen, sondern ihn gross und ruhig werden lassen, damit er als Stein präsent wird, seine Wirkung auf unseren Körper entfalten kann.

Je mehr wir auf den Stein vertrauten, ihn die Hauptrolle spielen liessen, umso mehr begann er seine Feinheiten, Musterungen und Strukturen zu zeigen, seine Schönheit.

Stein und Wasser und ein Quäntchen Gold ... Mit Freude und Zurück-
haltung haben wir an ausgewählten Punkten unserer Masse aus
Stein Lichter aufgesetzt, Schmuckstücke auf steinernem Grund:
Bronze, Messing, wenig schwarzer Stahl und blaues Glas; Mahagoni-
holz und Leder für die Orte des Umkleidens und Ausruhens, blinkender
Chromstahl in den kleinen Räumen aus schwarzem Beton, die der
Körperreinigung dienen und dann, eine Spur theatralischer, in den
kleinen Welten im Inneren der Blöcke: rot, blau und schwarz eingefärbter Beton, Blöcke zum Schwitzen aus schwarzem Basalt, künstliche Lichteffekte im Wasser, aufwirbelnde Blüten der Ringelblume.

Eine sinnliche Umgebung zu schaffen für den menschlichen Körper,
für nackte Haut, für junge Körper und für alte Körper, die in mildem
Licht oder im Halbschatten gut aussehen – dies hatten wir im Sinn.
Die Räume aus Stein sollten dem Körper schmeicheln, ihn nicht kon-
kurrenzieren, sondern ihm Raum geben. Raum für einen würdevollen
Auftritt, Raum zum Sein. Ruhige Formen, hohe stoffliche Präsenz.
Nur die für das Bad entworfene Liege aus Holz nimmt mit ihrem
anatomischen Schwung etwas von der Weichheit des menschlichen
Körpers voraus.

Bei den in diesem Buch abgebildeten Skizzen, Zeichnungen, Modellfotos und Plänen handelt es
sich um Arbeitsmaterialien, die zwischen 1990 und 1996 im Atelier Zumthor entstanden.

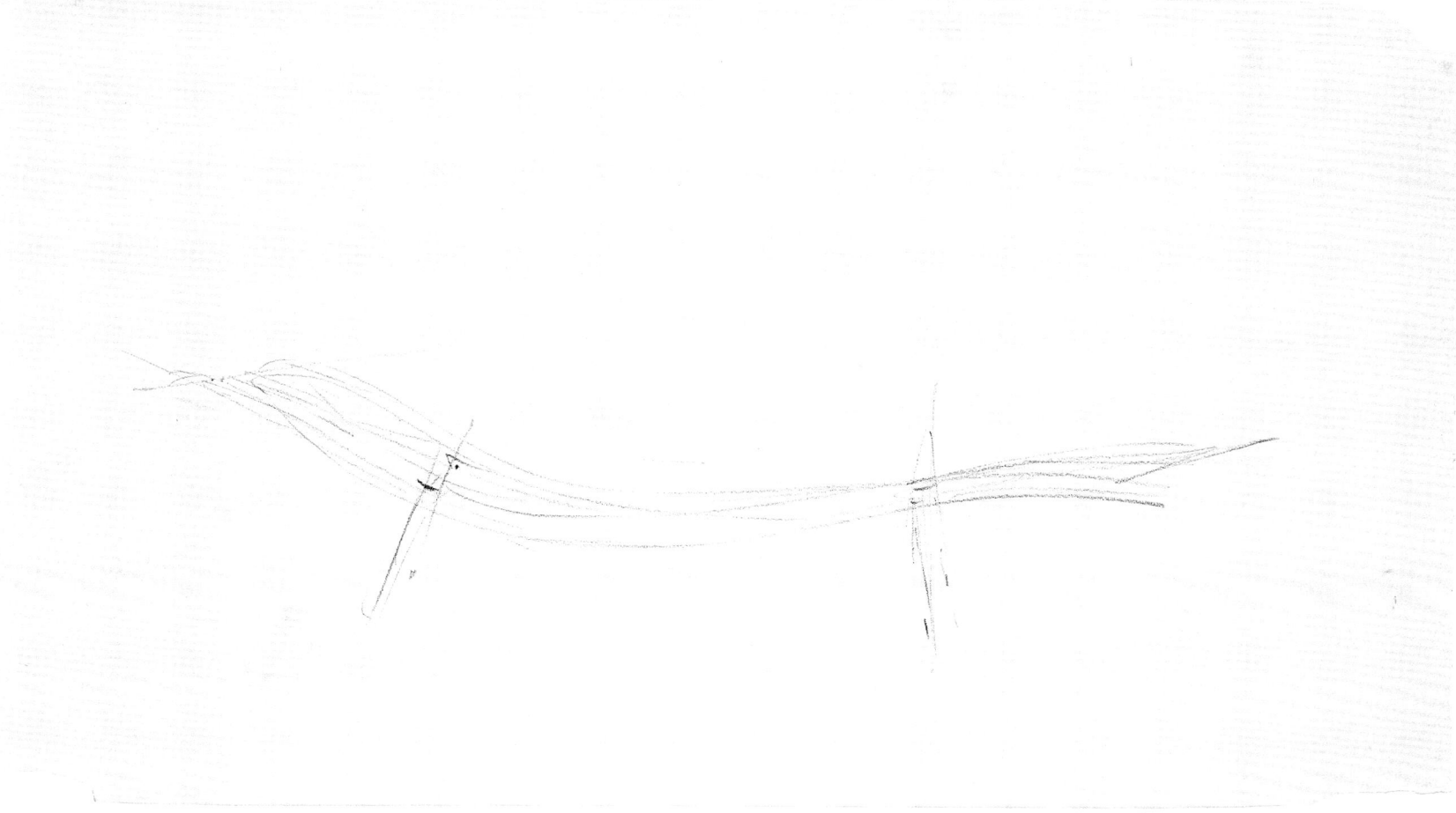

Valser Wasser ist ein Begriff, der trotz angestrebten weltweiten Vertriebs mit der lokalen Identität verbunden ist. Die Therme Vals hat einen Tourismus eingeleitet, der sich der eigenen Quellen nicht nur bedient, sondern ihrer auch besinnt. **RESSOURCEN** des Ortes sind auch die Materialien für das Bauwerk: *Dass wir mit dem einheimischen Stein bauen wollten, dem Valser Quarzit, diesem feinkörnigen, geschieferten, manchmal glimmernden, vom Grünlichen ins Bläuliche changierenden Valserstein, der hinten im Dorf in Jossagada gebrochen wird, war von Anfang an unsere Absicht*, schreibt Peter Zumthor. Nach dieser Konzeption sind auch die Hotelbauten aus den 1970er Jahren Bestandteil des Entwurfs, sie *gehören zur Geschichte des Ortes*, sie sollten *durch neue Volumen, Flächen und Lichter zum Strahlen* gebracht werden. Mit der Therme sind die vorhandenen Ressourcen nicht nur nachhaltig genutzt, es wurden zudem in verschiedenen Bereichen neue geschaffen, vom *Architekturtourismus* bis zur *Verwertung von einheimischen Produkten in der Hotelküche*. Und mehr als 140 Mitarbeiterinnen und Mitarbeiter sind beschäftigt, wovon 42 Prozent aus dem Ort oder der näheren Umgebung stammen.

Im achten seiner *Zehn Bücher über Architektur* widmet Vitruv ein langes Kapitel *den warmen Quellen und den Eigentümlichkeiten verschiedener Gewässer*, darin werden detailliert positive und negative Auswirkungen von Wässern auf Körper und Seele erörtert – der jeweilige Ort ist dabei wesentlicher Bezugspunkt. *Est enim maxime necessaria et ad vitam et ad delectationes et ad usum cotidianum* – Wasser sei *nämlich ganz unentbehrlich für das Leben, die Freuden des Lebens und den täglichen Gebrauch*. Heute wissen wir, daß *nur 2,5 Prozent des Wassers auf der Erde Süßwasser* ist, fast die Hälfte davon wird von der Agrarindustrie verbraucht. *Riesige unterirdische Süßwasservorkommen, die sich im Laufe der Jahrtausende im Erdreich gebildet haben, werden dabei abgebaut, Quellen rücksichtslos ausgeschöpft*. Bis zum Jahr 2025 sehen die Experten nicht nur in Nordafrika und Südostasien bedrohliche Wasserknappheit voraus, sondern auch für manche Regionen Europas und Nordamerikas. Trinkwasser in Flaschen ist ein blühendes Geschäft für eine kleine Zahl von multinationalen Konzernen, ein weltweites Netz von Abfüllanlagen ist bereits in ihrem Besitz. Aus Trinkwasser werden *Softdrinks*: *Allein zur Herstellung von einem Liter Coca-Cola sind neun Liter Wasser nötig*.

Peter Zumthor, Das Mauerwerk der Therme Vals, in: Hotel Therme Vals (Hg.), Stein und Wasser – Kultur Winter 2003/04, Vals 2003. Peter Zumthor, in: Hotel Therme Vals (Hg.), Informationen und Preise – 2004/05 ff, Vals 2004 ff. Vitruv (Curt Fensterbusch, Übers.), Zehn Bücher über Architektur, Darmstadt 1964. Maude Barlow, Tony Clarke, Blaues Gold – Das globale Geschäft mit dem Wasser, München 2003. Vandana Shiva, Cola löscht den Durst nicht, in: Le Monde diplomatique (März 2005), Berlin 2005.

Der Valser Rhein entspringt aus dem Eis des Läntagletschers im Adulamassiv, in der Nähe der auf rund 3000 Meter gelegenen Übergänge in die nordöstlichen Tessiner Täler. Auf seinem Lauf bergab ins Valser Tal bereits von etlichen Seitengerinnen gespeist, füllt er zusammen mit dem Canalbach den größten Stausee des Kantons Graubünden, den Zerfreilasee. Unterhalb der Staumauer mit der Kote 1863,5 nimmt er weitere Seitenbäche auf und ist im Bereich des Dorfes Vals schon ein breiter, von mehreren Brücken überspannter, zu manchen Zeiten des Jahres reißender Fluß. Nördlich davon erreicht er bei Ilanz gemeinsam mit den Wässern aus den Nebentälern den Vorderrhein. Vals, der auf rund 1250 Meter gelegene Hauptort des Tales, erstreckt sich in seinem Kern vornehmlich am rechten Ufer des Flusses. Linksseitig liegt im Bereich der Talsohle am nördlichen Eingang des Dorfes der Abfüllbetrieb der Valser Mineralquellen AG, unweit davon taleinwärts und um einiges höher als das Ufer gruppieren sich hoch aufragend die Hotelbauten um das Thermalbad. Am südlichen oberen Ende hingegen und etwas außerhalb des Dorfes, auch linksseitig und direkt am Fluß, welcher hier durch das enger werdende Tal in einem tiefen, von großen Steinblöcken gefaßten Bett dahintost, steht der Steinbruchbetrieb der Truffer AG. Steinbrüche gibt es in diesen Gegenden seit Jahrhunderten, denn der Stein ist das traditionelle Baumaterial des Tales: Nicht nur das Mauerwerk wird mit ebendiesen Steinen errichtet, das Bauwerk wird damit auch gedeckt, und das vorschriftsmäßig bis zum heutigen Tag. Unmittelbar anschließend an das Betriebsgebäude befindet sich die derzeitige Abbauzone, eine Steinbruchwand von etwa 200 Metern Länge und 35 Metern Höhe parallel zum Flußlauf. Die zuständigen Stellen von Bund, Kanton und Gemeinde versichern, daß der Steinvorrat für die nächsten 25 Jahre reicht. Jährlich wird von der Felswand eine circa sechs Meter dicke und 100 Meter lange, an die 20.000 Kubikmeter große Scheibe mittels Sprengung gewonnen. Dazu werden unter der Leitung von Sprengmeister Wendelin Peng über 2000 Kilogramm **SCHWARZPULVER** in den von oben senkrecht im Meterabstand gebohrten Löchern verteilt, geladen und gezündet. Vorher jedoch ist die Scheibe an ihrer Basis beziehungsweise am Lager oder der sogenannten Sohle anzuheben, wie Pius Truffer, einer der Eigentümer des Familienbetriebs, mitteilt, das heißt es werden am Fuße der Felswand ebensolche Löcher, aber horizontal, in den Berg gebohrt und die dort angebrachten Ladungen zuerst gezündet: Der auf diese Weise unter der Felswand entstehende Gaspolster bewirkt, daß im weiteren Verlauf – diese Vorgänge geschehen innerhalb von Sekunden –, nämlich nach Zündung der Hauptladungen in den vertikalen Löchern, die Scheibe vom Muttergestein getrennt, nach vorne geschoben und gekippt werden kann. Nur Schwarzpulver hat diese schiebende Wirkung, Dynamit würde den Stein zerreißen. *Der Teufel wird's schon richten* – so angeblich das häufigste Stoßgebet bei der Zündung, die für einige Minuten die abgesprengten Felsbrocken in eine dichte schwarze Wolke hüllt.

In keinem anderen Steinbruch der Schweiz werden Schwarzpulver-Sprengungen in derartiger Größenordnung ausgeführt. Das Lexikon verweist beim Begriff Schwarzpulver auf das Wort Schießpulver, die englische Sprache spricht deutlicher von *gun powder*. Es besteht aus einer Mischung von 70 bis 80 Teilen Salpeter, das ist Kaliumnitrat, welches den Sauerstoff liefert, weiters aus zwölf bis 20 Teilen Holzkohle, die als Brennstoff dient, sowie aus drei bis 14 Teilen Schwefel als Sensibilisierer, damit das Ganze beim geringsten Funkenkontakt Feuer fängt. Schwarzpulver wird heute vor allem für Böller und pyrotechnische Raketen benutzt, und das ist auch der Grund für die ursprüngliche Erfindung: Angeblich wird eine ähnliche Mischung in China schon im 8. und 9. Jahrhundert für Feuerwerkskörper verwendet, andere Quellen schreiben dieses Wissen den Arabern zu, möglicherweise sind diese die Lieferanten auf dem Weg über Konstantinopel und Venedig gewesen. Tatsache ist, daß der Explosivstoff für festliche Anlässe frühestens im 13. oder 14. Jahrhundert in Europa einlangt, da allerdings wird er speziell für die neuen Waffen, für Büchsen und Kanonen, rasch weiterentwickelt und als Pulvergemisch für kriegerische Zwecke samt Zubehör von Europa aus wieder in den Ländern des nahen und fernen Ostens reimportiert. Die Herstellung von Feuerwaffen und die Entwicklung der Metallverarbeitung im Mittelalter gehen Hand in Hand. Über die Erfinder des heutigen Schwarzpulvers bestehen in der Literatur allerdings geteilte Meinungen und widersprüchliche Aussagen. Angeblich hat um die Mitte des 14. Jahrhunderts in Freiburg im Breisgau ein Franziskanermönch namens Berthold Schwarz, genannt *Bertoldus niger*, die Sprengwirkung des Pulvergemischs entdeckt und verbessert. Während die einen behaupten, sein Name bezeichne das Produkt, sagen die anderen das Gegenteil, nämlich daß er selbst, aufgrund seiner chemischen Versuche, den Namen wegen der Farbe des Pulvers erhalten habe oder auch wegen seines Interesses an Alchemie und schwarzer Magie. Und so finden sich auch da und dort Geschichten, die sein Ableben damit in Zusammenhang bringen, sei es, daß sie ihn bei einer seiner Unternehmungen in die Luft fliegen lassen oder aber wegen seiner teuflischen Experimente zum Tod verurteilt sehen. Seine geschichtliche Existenz ist schon deshalb unbeweisbar, weil alle Aufzeichnungen des freiburgischen Klosters kurz vor der Reformation zerstört worden sind. Tatsächlich ist die Stadt Freiburg im 14. und 15. Jahrhundert ein Zentrum der Entwicklung von Feuerwaffen und der Ausbildung von Kanonieren. Sicher ist auch, daß viele Vorläufer und Zeitgenossen des schwarzen Berthold ähnliches unternommen haben, so werden in England diese Experimente dem Franziskanermönch Roger Bacon zugeschrieben, dem fast hundert Jahre zuvor auf seiner jahrelangen und vergeblichen Suche nach der Formel für die Herstellung von Gold die des Schwarzpulvers gelungen sei. Jedenfalls hat die technische Entwicklung dieses Stoffes mehr als alles andere das menschliche Leben in all seinen destruktiven Aspekten geprägt, und es bleibt nur noch die hintergründige Besonderheit unserer Geschichte zu betonen, daß sie nämlich die Umwandlung von Sprengpulver für festliche Feuerwerkskörper zu Schießpulver für tödliche Waffen mit den Legenden von frommen Mönchen legitimiert. Seit dem 19. Jahrhundert verdrängen wirksamere und wirtschaftlichere Sprengstoffe, so das Nitroglyzerin, das Dynamit oder die Nitrocellulose, das Schwarzpulver als militärischen und gewerblichen Explosivstoff. Dieses wird weiterhin für Knallkörper, Feuerwerksraketen und Zündschnüre, als Treibstoff für kleinere Forschungsraketen, als Gewehrmunition und als sogenannter schiebender Sprengstoff im Tage- und Bergbau verwendet. Kleinere Sprengungen erfolgen täglich im Valser Steinbruch, damit die großen Blöcke auf transportierbare Größen gebracht werden. Das allerdings geschieht mit dem herkömmlichen, im Straßen- und Tunnelbau üblichen Sprengstoff. Dynamitladungen werden dabei *grammgenau* abgestimmt, die Blöcke in dieser Weise zur weiteren Bearbeitung *zentimetergenau* geteilt, geschnitten oder gespalten, in Höhe und Breite für die verschiedenen Diamantkreissägen in der daneben stehenden Produktionshalle vorbereitet.

Peter Eckardt, Der Steinbelag im Kontext, in: Bundesamt für Bauten und Logistik Bern (Hg.), Neugestaltung Bundesplatz in Bern, Bern 2004. Gottfried Liedl (Hg.), Der Zorn des Achill, Europas militärische Kultur – Konfrontation und Austausch, Wien 2004.

In seinem Kapitel *Über künstliche Farben* gibt Vitruv Anleitungen zur Herstellung von schwarzem Verputz für die Innenwand eines Laconicums. Schwarz und entsprechend dunkel ist auch das Ambiente im **SCHWITZSTEIN**, das ist der größte *Block*, er ist in zwei gleiche Bereiche geteilt und auf der Ebene des Eingangs und der Garderoben angeordnet, aber so, daß der Zugang leicht übersehen, erst beim zweiten oder dritten Besuch entdeckt wird. Von den beiden Vorräumen aus werden jeweils drei Schwitzkammern hintereinander erschlossen, zweimal hintereinander wird es dunkler und heißer, die Kammern sind durch Vorhänge voneinander getrennt, in der letzten, heißesten Kammer steht aufrecht die Dampfsäule, schwarz sind der Boden, die Wände und die Decken, daß sich diese zeltdachartig zu einer schwachen Lichtquelle erheben, ist in dem heißen Dampf kaum erkennbar. In jeder Kammer liegt rechts und links ein schwarzer *Liegefelsen – Nero Assoluto, ein Basalt-Stein aus Italien*. Die polierten Quader wurden an ihrer Unterseite angebohrt, im Inneren die Heizungsrohre verlegt: 42 Grad auf der Liegefläche – in der Entwurfsphase wurde dazu eigens die Steinwärme von Nabelsteinen in türkischen Bädern gemessen. Eine Serie von Skizzen dokumentiert, daß das *Dampfbad*, letztlich *Schwitzstein* genannt, auf verschiedene Vorbilder zurückgreift. Jeder *Block birgt in sich einen besonderen Hohlraum*, schreibt Peter Zumthor, *in diesen Räumen werden Nutzungen angeboten, die der Intimität bedürfen oder die von dieser profitieren*. Der Zugang ist die Verlängerung des sogenannten *Felsbandes*, es wird von der Zuschauergalerie zurück an die Bergwand geschoben und dort wieder, wie in der *Trinkhalle*, vom warmen Quellwasser aus Messingröhren begleitet.

Vitruv (Curt Fensterbusch, Übers.), Zehn Bücher über Architektur, Darmstadt 1964. Peter Zumthor, Häuser 1979–1997, Basel–Boston–Berlin 1999.

Nur Heilbäder dürfen den Zusatz *Bad* im Ortsnamen führen. Die englischen Bezeichnungen für Heilbad sind *health resort* oder *spa*. Letzteres ist ein Name, der sich von **SPA** ableitet, einer belgischen Stadt mit rund 300 Mineralquellen, in den Ardennen gelegen. Ab dem 17. Jahrhundert haben vor allem englische Gäste diesen Kurort aufgesucht, im 18. und 19. Jahrhundert war das ein von Wohlhabenden und Prominenten aus aller Welt bevorzugtes Modebad. Bereits im 16. Jahrhundert hatten Ärzte dieses Heilwasser empfohlen, Spa nannte man zunächst eine der Quellen, angeblich nach dem lateinischen Verb *spargere* – spritzen. Das Wasser wurde *bald zum Kultgetränk* und schon um 1600 nach England, später auch in andere Länder exportiert: *Spa Monopole – l'eau qui pétille*. Das sprudelnde Mineralwasser hat dann auch der Stadt seinen Namen gegeben, und in einem weiteren Schritt wurde dieser zum englischen Synonym für Mineralwässer, Heilbäder und Kurorte im allgemeinen. In der zweiten Hälfte des 20. Jahrhunderts verbreitete sich der Begriff über das amerikanische Englisch weltweit und in alle Sprachen, die Bedeutung entfernte sich aber vom ursprünglichen Inhalt: *Spa* ist inzwischen alles, was auch *Wellness* bedeutet, und die Wellness-Experten erklären sich die drei Buchstaben als lateinische Abkürzung für *sanus per aquam*.

Die goldenen Zeiten in Spa sind in der Zwischenkriegszeit zu Ende gegangen, und erst vor zwanzig Jahren hat man wieder an die Zukunft gedacht. Inzwischen wurden einige der historischen Badegebäude abgerissen, um einer groß angelegten *Badelandschaft mit allem, was zum Wohlbefinden dazugehört*, Platz zu machen: Der internationale Spa-Geschmack hat auch in Spa Einzug gehalten.

Rolf Minderjahn, Ardennen, Norderstedt 2001. Monika Putschögl, An der Quelle, in: Die Zeit (41/2004), Hamburg 2004.

Um die Mitte des 20. Jahrhunderts wurden in vielen Hochgebirgstälern im Alpenraum Wasserkraftwerke errichtet, nicht immer zum Wohl der einheimischen Bevölkerung: Energiegewinnung als nationales Programm nach dem Ende des Zweiten Weltkriegs sah über Kulturlandschaften und menschliche Schicksale hinweg, im Sinne einer politischen Machtdemonstration mußten da und dort Dörfer, Höfe und Baudenkmäler in den Fluten untergehen. Im Valser Tal hingegen wurden die betroffenen Gemeinden sozusagen *Partner* der Kraftwerksgesellschaft, sie haben in den Jahren 1948 und 1949 *die Konzession zur Nutzung der Wasserkräfte* erteilt, nehmen dafür *Steuern und Wasserzinsen* ein und decken ihren Energiebedarf mit *günstiger Konzessionsenergie*. In den Jahren 1951 bis 1958 wurde talaufwärts, im sogenannten *Zerfreilabecken,* wo auf 1800 Metern Höhe der Valser Rhein mit dem Canalbach zusammenfließt, der 504 Meter lange und 151 Meter hohe **STAUDAMM** für den 100 Millionen Kubikmeter großen Speicher realisiert. Das Dorf Zerfreila – *es war nur mehr im Sommer bewohnt* – mit seiner, dem heiligen Bartholomäus geweihten Kapelle aus dem 17. Jahrhundert wurde geopfert, die bestehende Straße dorthin samt Tunnel verbreitert und eine Umfahrungsstraße in Vals angelegt. *Hunderte von Arbeitern versetzten das Tal in Goldgräberstimmung*, a*us dem Kraftwerksbau ergaben sich Verdienstmöglichkeiten in Hülle und Fülle*, schreibt Peter Schmid, und in seiner Chronologie zum ehemaligen Ort *Safrayla* – der Name geht auf das romanische *Seurera* zurück – weist er auf die verschiedenen Schreibweisen hin: *Zerfreila* ist abgeleitet aus den alten Urkunden, *Zervreila* entspricht der inzwischen offiziellen Form. Mit den Einnahmen von der Kraftwerksgesellschaft wurde Vals in den darauffolgenden Jahrzehnten zu einer finanzstarken Gemeinde, die Infrastrukturen zur Entwicklung eines Kurorts mit Thermalbad konnten also in Angriff genommen werden. *Dammbruchartig überflutete nach 1950 der Kraftwerkbau die kleine Bergwelt* – so erlaubt sich der Volkskundler und Walserforscher Paul Zinsli diesen *äußerst raschen Wandel* zu umschreiben. *Im Speicherbecken Zervreila werden die im Sommerhalbjahr anfallenden Wasserzuflüsse zurückgehalten, im Winterhalbjahr produzieren die Kraftwerkstufen Zervreila, Safien Platz und Rothenbrunnen mit dem gespeicherten Wasser hochwertige elektrische Energie* – so auf einer großflächigen Tafel an der Oberkante des Staudamms. Daneben steht die talauswärts Richtung Vals gewandte, überlebensgroße Bronzeplastik *Engel und Löwe* des Schweizer Künstlers Raoul Ratnowsky, sie ist 1959 im Auftrag der Kraftwerksgesellschaft errichtet worden. In jedem der neu adaptierten Zimmer des Hotel Therme – Peter Zumthor nennt sie *Provisorien, geschaffen für die Zeit des Wandels vom bestehenden zum neuen*

Hotel – klebt an der Wand fast unauffällig eine aus einer Serie von neun mal sechs Zentimeter kleinen Fototafeln vom Staudamm in der Bauphase und erinnert an die vergangenen Zukunftsaussichten. In vielen Valser Stuben hängt angeblich aber ein Foto oder Bild von dem kleinen Ort am Fluß mit seiner Kapelle und dem markanten, kegelförmig aufragenden Zervreilahorn im Hintergrund.

Nach offiziellen Zahlen entstanden *bis 1949 weltweit ungefähr 5000 Staudämme, drei Viertel davon in Industrieländern.* Am Ende des 20. Jahrhunderts gab es *bereits 45.000, zwei Drittel davon in Ländern des Südens.* Der Fortschritt eilt weiter: Eine Mitsprache von lokalen Bewohnern gibt es kaum noch, und vom langfristigen Profit sind sie ausgeschlossen. Im Zeitraum von 1986 bis 1993 mußten *schätzungsweise vier Millionen Menschen* abgesiedelt werden, inzwischen sind es weit mehr: Laut Weltbank *vertreibt ein Staudamm im Schnitt 13.000 Betroffene.*

Peter Schmid, Safrayla, in: Kur- und Verkehrsverein Vals (Hg.), Tschifera – Sommer 1990, Vals 1990. Peter Schmid, Das Kraftwerk Zerfreila, in: Kur- und Verkehrsverein Vals (Hg.), Tschifera – Sommer 2002, Vals 2002. Paul Zinsli, Walser Volkstum – in der Schweiz, in Vorarlberg, Liechtenstein und Italien (1968), Chur 2002. Dossier Wasser, in: Le Monde diplomatique (März 2005), Berlin 2005.

In der frühchristlichen Kirche taufte man Erwachsene und nicht Kinder: Die vollständig entkleidete Person wurde zunächst *in eine Wanne mit Wasser eingetaucht*, danach zog sie *neue Kleider* an, um zu zeigen, daß sie *ein anderer Mensch* geworden war. Die **TAUFE** als Mittel der Reinigung und der Wiederbelebung ist vom Christentum aus älteren Religionen *übernommen und durch neue religiöse Bedeutungswerte bereichert worden.* Der gereinigte verwandelte Körper soll die Geschichte vom *Tod Jesu und seiner Wiederauferstehung* symbolisieren. Das Untertauchen in Wasser als religiöses Initiationsritual existiert bereits in den ältesten Kulturen und in aller Welt, sei es mit dem Zweck der Reinwaschung von Sünden oder der Reinigung als Voraussetzung für neues Leben. Die Wassertaufe der keltischen Druiden ist vermutlich ein Ritual zur Verleihung neuer Kräfte durch die strömenden und fließenden Kräfte der Wassergottheiten. Es geht hier nicht um die Frage nach *Einflüssen* oder *Entlehnung*, schreibt der Religionswissenschaftler Mircea Eliade in seinem Buch *Die Religionen und das Heilige*, denn solche Symbole seien *archetypisch und universell*: Das *Eintauchen ins Wasser* symbolisiere die *Rückbildung ins Vorformale*, und das *Auftauchen aus dem Wasser* wiederhole den *kosmogonischen Akt der Formwerdung.*

Peter Berresford Ellis, Die Druiden – Von der Weisheit der Kelten, Kreuzlingen 1994. Mircea Eliade, Die Religionen und das Heilige, Frankfurt am Main 1986.

In der römischen Kaiserzeit gehörten die Bäder zu den wichtigsten öffentlichen Einrichtungen. Sie führten bereits im Altertum die Bezeichnung *thermae* – vom griechischen *thermós,* heiß –, gemeint waren damit die großen Badeanlagen, die kleinen Bäder wurden *balnea* genannt. Die römische **THERME** war schon am Anfang ihrer Entwicklung eine Vergnügungsstätte für das Volk, der Begriff steht also nicht für ein Heilbad aus heutiger Sicht. Agrippa war der erste, der um 25 v. Chr., noch zu Zeiten Vitruvs, eine Badeanlage in großem Stil anlegen ließ, ein eigener See wurde dafür gestaut, ein Kanal für die Entwässerung angelegt. Das war aber erst der Auftakt für eine jahrhundertelange Entwicklung von immer größeren und monumentaleren Bädern, die nicht nur in der Hauptstadt, sondern in allen Städten des Reiches und auch in den eroberten Provinzen errichtet wurden. Allein in Rom *bestanden zur Zeit Agrippas 170* und drei Jahrhunderte danach, *zur Zeit Konstantins, 867 öffentliche Bäder.* Die Thermen wurden mit staatlichen Geldern erbaut, man bezahlte im allgemeinen keinen Eintritt, damit machten sich die Kaiser beim Volk beliebt, das neueste Bad war also gewissermaßen ein Macht- und ein Ablenkungsmittel, besonders in politisch kritischen Zeiten. Den Höhepunkt dieser Architektur bildeten die Thermen des Diokletian, die um 300 entstanden und *an Größe alle Kaiserthermen des Römischen Reiches übertrafen*: Angeblich konnten *mehr als 3000 Personen gleichzeitig diese Badeanlage besuchen.* Das circa 140.000 Quadratmeter große Bauwerk wurde in nur acht Jahren fertiggestellt, Tausende von Sklaven und Zwangsarbeitern waren zur Arbeit herangezogen worden. Das Raumkonzept bestand nicht nur aus der üblichen Anordnung von Apodyterium, also dem Aus- und Ankleideraum, Palästra, Frigidarium, Tepidarium, Caldarium und Laconicum, sondern auch von Gärten, Säulenhallen, Restaurants, Arztpraxen, Bibliotheken und Vortragsräumen. Gleichzeitig entstanden dazu die großangelegten technischen Einrichtungen für die Wasserver- und -entsorgung: Kanäle, Aquädukte, Talsperren, Zisternen. Die Reservoire befanden sich als selbständige Baueinheiten in der Nähe des Thermenkomplexes und waren nicht minder monumentale Bauten mit einer Kapazität von 10.000 bis 80.000 Kubikmetern Wasser. Die tragenden Mauern bei allen Großbauten bestanden in der Regel aus einer Ziegel- beziehungsweise Steinvormauerung und einer inneren Füllung, dem römischen Beton, *opus caementitium* genannt. Zwischen zwei äußeren, gemauerten Schalen wurde dabei eine Mischung von *Bruchsteinbrocken mit Mörtel* eingefügt und in Etappen aufgemauert, es ist so eine Art *Verbundmauerwerk* entstanden, das insgesamt tragend ist. Schon Vitruv beschreibt diese Bauweise, deren grundlegendes Prinzip von den Griechen stammt. Er nennt es im achten Kapitel des zweiten seiner *Zehn Bücher über Architektur* nach dem griechischen Begriff *enplek-ton, das verflochtene Mauerwerk*: *Ita tres suscitantur in ea structura crustae, duae frontium et una media farturae – drei Schichten* seien also bei diesem Mauerwerk hochzuziehen, *die Außenschalen und eine mittlere als Füllmasse.* Der Konstruktions-aufwand und die Ausstattung der römischen Thermen in der nachfolgenden Zeit haben jedenfalls die Idee unseres heutigen Erlebnisbades längst vorweggenommen. In den unterirdischen Geschossen befand sich das Versorgungssystem mit einem Netz von Gängen und Straßen, ein Heer von Sklaven hatte dort die Einrichtungen zu bedienen. Im Jahr 1687 wurde in München die Oper *Alarico il Baltha* von Agostino Steffani uraufgeführt: Der Westgotenkönig Alarich lehnte sich mit seinem Volk gegen die römische Herrschaft auf, fiel mehrmals in Italien ein und plünderte schließlich im Jahr 410 mit seinen Männern die Hauptstadt. Dieser Vergeltungsakt hat ihm die Sympathie der Geschichte eingebracht, und weil er bald darauf in Sizi-lien starb und angeblich im Flußbett des Busento begraben wurde, auch romantische Nachrufe. Das barocke *Dramma per musica* verwickelt den Gotenkönig nach seiner Eroberung Roms in heimliche römische Liebesgeschichten, der zweite Akt handelt entsprechend im Verborgenen und an einem ungewöhnlichen Schauplatz, nämlich in den unterirdischen Geschossen der kaiserlichen Therme: Einmal mehr wird in der Kunst die Geschichte mit Frauengeschichten erträglich gemacht.

Dann nahte aber auch bald das Ende der Thermen. Mit der zunehmenden Christia-nisierung wuchs die Ablehnung den Bädern gegenüber, sie überlebten also den Niedergang des Römischen Reiches nicht lange, wurden nach und nach aufge-geben, zum Teil für andere Zwecke umgebaut oder dem Verfall überlassen. Bis zum 12. Jahrhundert geriet daraufhin im europäischen Raum das Baden in Vergessenheit.

Marga Weber, Antike Badekultur, München 1996. Renate Tölle-Kastenbein, Antike Wasserkultur, München 1990. Vitruv (Curt Fensterbusch, Übers.), Zehn Bücher über Architektur, Darmstadt 1964. Heinz-Otto Lamprecht, Opus Caementitium – Bautechnik der Römer, Köln 1984.

Der Zugang zum Brunnen erfolgt um eine Ecke, vier Stufen abwärts durch einen langen, schmalen und dunklen Gang, aus dem Raum dringt ein schwacher Lichtschein und ein plätscherndes Geräusch: Von hoch oben rinnt im **TRINKSTEIN** Wasser aus einem Rohr in eine runde Brunnenöffnung am Boden, rundherum ein Messinggeländer, an diesem hängen an Ketten gesichert Messingbecher bereit – *quellwarm* und ungefiltert kann hier das Wasser getrunken werden. Licht scheint aus der Brunnenöffnung, der Raum ist quadratisch und doppelt so hoch wie sein Zugang, an den Wänden sind bis nach oben hin Valser Steinquader wie eine Schauwand über- und nebeneinander ausgestellt, an den Oberflächen hochglanzpoliert, an den Rändern gebrochen, durch handdicke Messingblöcke auf Distanz gehalten. Im schwachen Licht zeigen die Steinoberflächen verschiedene Grautöne mit schimmerndem Glimmer, feinen Adern, farbigen Einlagerungen von verschiedenen Kristallen. Im Gang hängt an der Wand eine Messingtafel, darauf die detaillierte Analyse für das *Calcium-Sulfat-Hydrogenkarbonat-Wasser*. Eine Reihe von Skizzen dokumentiert den Entwurfsprozeß für diesen *Block*, *Thema: im Brunnen* – steht unter einer Zeichnung, dazu in Klammern *man geht in den Brunnen hinein*, die Messingteile sind leuchtend gelb eingefärbt. Im Geschoß der Wasseraufbereitung ist an der Decke der Brunnen als hängender Betonkubus mit rund einem Meter Seitenlänge sichtbar.

Peter Zumthor, in: Nobuyuki Yoshida (Hg.), Peter Zumthor (Architecture and Urbanism – Extra Edition), Tokyo 1998.

Das Valsertal wird in der romanischen Sprache Val Sogn Pieder genannt, nach seinem Patron, dem heiligen Petrus. Davon sei möglicherweise – die historischen Schriften haben dazu keine einheitliche Meinung – das deutsche Wort **VALSER** abgeleitet. Nach anderen Hinweisen stammt es generell vom lateinischen Wort *vallis*, Tal. Für diese Annahme spricht die Tatsache, daß auch anderswo in den Alpenländern die Bezeichnungen Vals und Valser existieren, abgelegene Täler, Almen, Bäche, Berge und andere Örtlichkeiten diesseits und jenseits des Brenners heißen danach. Walser sind dort aber nicht gewesen, die Eroberungszüge der römischen Heere haben vermutlich diese sprachlichen Spuren hinterlassen. Die Ortsgeschichte von Vals hingegen berichtet sehr wohl von den Einwanderungen der Walser, die *ab dem 14. Jahrhundert in mehreren Schüben* aus dem Wallis ins Tal gelangt sind und es nach und nach *bewirtschaftet* und *germanisiert* haben. Deren Vorfahren waren *landhungrige alemannische Bauernsiedler*, so Paul Zinsli, der bedeutende Walserforscher aus Chur, der von 1944 bis 1971 an der Universität Bern unterrichtet hat, sein grundlegendes Werk trägt den Titel *Walser Volkstum* und ist 1968 erstmals erschienen. Nach seiner Definition war das *eine späte inneralpine Völkerwanderung*. Noch vor der ersten Jahrtausendwende hätten diese *Bauernsiedler die Hochalpenkette überstiegen und sich im Quellgebiet des Rottens niedergelassen*. Rotten ist der eigentliche deutsche Name der Rhône, er ist nur noch im Oberwallis in Gebrauch, von dort aus sind jedenfalls die *Walliser* ab dem 12. Jahrhundert in kleinen Sippen und Gruppen in alle Himmelsrichtungen geströmt und *Walser* geworden: in Hochtälern des heutigen Piemont, Graubünden, Liechtenstein, Vorarlberg und Tirol. Ihre neuen Niederlassungen haben sie zum Großteil erschlossen und erstmalig bewirtschaftet. Nachfolgende Generationen wanderten zum Teil wieder aus und machten weitere Gegenden urbar. Die Gründe dafür waren wohl unterschiedlicher Art, der Antrieb jedenfalls war wirtschaftlicher Natur: Die neuen Grund- und Feudalherren gewährten verschiedene Rechte und Freiheiten, welche damals noch keineswegs Allgemeingut waren: *die volle persönliche Freiheit, das Recht zur Bildung eigener Gerichtsgemeinden und das Recht der freien Erbleihe*. Dafür erhielten sie *von diesen berggewohnten deutschen Bauern eine nachhaltigere Bewirtschaftung des bisher großenteils wohl nur als Weide genutzten Bodens*. Der Versammlungsort der Gemeinde und der Gerichtsbarkeit befand sich im Zentrum der Ansiedlung und hieß ganz einfach *Platz*, diese Bezeichnung ist bis zum heutigen Tag in Vals, und nicht nur dort, gebräuchlich.

Viele andere sprachliche Übereinstimmungen bezeugen die ursprüngliche gemeinsame Kultur der weit verstreuten Walser, dort wo sie in romanisch bewohnte Gebiete gezogen sind, haben sie in mehreren Ausdrücken die Sprache ihrer neuen Landsleute übernommen. Auch die überlieferten Sagen stellen nachträglich Verbindungen her: Diverse Themen und Motive finden sich im gesamten Alpenraum, ja weit darüber hinaus wieder, die meisten handeln vom Schicksal büßender verstorbener Mitmenschen, die als *Totenvolk* oder *Nachtvolk* ihr Unwesen treiben müssen, von wilden Männlein oder Fräulein, die Gutes oder Böses tun, von Steinen, die an den Teufel erinnern oder an Hexen, von Hirten und Sennen, die es auf ihren Almen zu bunt getrieben haben und für die nächsten Jahrhunderte bestraft werden. Die Walser im Piemont träumen diesbezüglich *vom verlorenen Tal*, einem unzugänglichen paradiesischen Gelände, das jenseits der höchsten Berge und unter dichten Gletschern sein soll und an vergangene blühende Zeiten, vielleicht an die Heimat erinnert, es ist *reich an Wäldern und Wiesen*, an *großen Brunnen* und *prächtigen Quellen*. Keine Sage kümmert sich um die Quelle in Vals. Ihrer Heilkraft haben sich die Valser *am wenigsten bedient*, so berichtet Paula Jörger, die bis ins vierte Jahrzehnt des 20. Jahrhunderts die Aufzeichnungen ihres Vaters erweitert und ergänzt hat: *Im Sommer haben die Bauern keine Zeit für Badekuren, und im Winter, wenn das Gliederreißen sie plagt, ist das Bad eben geschlossen*. Was aber die Aussprache betrifft, hat Johann Josef Jörger 1913 in seiner *Einführung* festgehalten: *Mundartlich Fals, nicht Wals, wie Ortsfremde sagen*. In diesem Selbstbewußtsein lebt die Sprache weiter: *Wir Valser sagen «Falser» und nicht «Walser» zu unserem Wasser* – so hat einst Peter Schmid für die Valser Mineralquellen AG getextet, und die Werbung bleibt nach wie vor bei diesem Slogan.

Johann Josef Jörger, Bei den Walsern des Valsertales (1913), bearbeitet und erweitert von Paula Jörger (1947), 5. Auflage, Basel 1998. Paul Zinsli, Walser Volkstum – in der Schweiz, in Vorarlberg, Liechtenstein und Italien (1968), Chur 2002. Ludwig Imesch, Was die Walser erzählen, Frauenfeld 1999.

Nach einer ersten Entwurfsidee sollte das Bauwerk aus *riesigen, ausgehöhlten Steinblöcken* aus Valser Gneis bestehen, wie sie im Steinbruch am anderen Ende des Dorfes gebrochen werden und zur Verarbeitung bereit liegen, dies wurde aber bald aufgegeben, da sich die Blöcke als zu schwer erwiesen, um transportiert und vermauert zu werden. Der Leitgedanke letztlich war, daß die angestrebte *monolithische Wirkung* auch durch Schichtung von dünnen Platten erzielt werden kann, einschränkend und zugleich hilfreich beim Entwerfen waren die technischen Möglichkeiten des Steinbruchbetriebs beziehungsweise jene Produkte, die sich dort *am leichtesten herstellen lassen*, das sind Platten, dimensioniert in verschiedenen Längen, Breiten und Stärken, roh belassen und verschiedentlich oberflächenbehandelt. Sie werden üblicherweise für Dachdeckungen, Bodenbeläge, Treppenläufe, aber auch für Arbeitsflächen und Wohnungseinrichtungen aller Art verwendet. Neben und vor der Verarbeitungshalle stehen die Platten aufgeschichtet, gebrochen, gespalten, sägerauh, geschliffen oder poliert, nach bestimmten Anforderungen und Kriterien geordnet. Diese bereitstehenden Stapel sind die Transformation der ehemals großen Steinblökke, und sie haben als Vorbilder auch zur Umsetzung der ersten Entwurfsidee beigetragen, nämlich in der Art der Verwendung des Materials: Die Steinplatten sind in der Realisierung des Bauwerks nicht wie üblicherweise vorgehängte oder geklebte Verkleidung, sondern liegend geschichtet und bilden mit der Betonkonstruktion dahinter ein **VERBUNDMAUERWERK**, das insgesamt konstruktiv wirksam ist.

Viele Fotoserien von diversen Fotografinnen und Fotografen wie Hélène Binet, Margherita Spiluttini, Hans Danuser und Henry Pierre Schultz widmen sich speziell diesem Detail der Schichtung der Steine innerhalb und außerhalb des Bauwerks. Henry Pierre Schultz hat in mehreren Fortsetzungen auch die Entstehungsphasen auf der Baustelle fotografisch dokumentiert, vom Aushub des Erdreichs bis zur Eröffnung im Dezember 1996. Seine Bilder zeigen zum Beispiel die Errichtung der *Blöcke*, welche die gesamte Konstruktion strukturieren und die einzelnen Badebereiche definieren, in vielen Fotos sind sie die wesentlichen Darsteller auf dieser Bau-Bühne, sozusagen bildlich werden der konstruktive und der funktionelle Aufbau erklärt. Zuerst entsteht die innerste Schale, es ist eine Art *Futter*: Eingefärbter Beton wird zwischen die raumhohen Schalungswände gegossen, daraufhin werden diese entfernt, die Wände zum Außenraum hin mit einer feuchtigkeitsunempfindlichen Wärmedämmung ummantelt. Im nächsten Arbeitsschritt werden über diese Hülle beziehungsweise über die zu den Innenräumen des Gebäudes hin nackten Betontürme Bewehrungsgitter aufgebaut, an diesen entlang die Heizungsrohre verlegt. Bis zu einer Distanz von 30 Zentimetern davor erfolgt dann der Aufbau der äußeren Schale: Exakt nach dem vorgegebenen *Steinschichtenplan* werden die Steinplatten in drei verschiedenen Stärken geschichtet, über Kanten, Ecken und Winkel sind vertikal und horizontal Seile gespannt, welche die Konturen der zu entstehenden Wand präzise markieren. In gemauerten Höhenabständen von 60 Zentimetern wird dann in den Zwischenraum Beton eingegossen, der bereits gebaute Abschnitt der Steinschichtenwand wird außen zum Schutz mit Plastikfolie verklebt, darauf folgen die nächsten 60 Zentimeter und so weiter nach oben. Auf diese Weise werden die Steinlagen mit dem bewehrten Beton dahinter verbunden, die Wände der *Betonhäuschen* wirken dafür als innere Schalung, diese bergen letztlich die einzelnen Bade- und Ruhebereiche, die gesamte Mauer entspricht also einem Verbundmauerwerk, die Steine tragen gleichermaßen wie der Beton, die Vormauerung ist äußere Hülle und zugleich Teil des Körpers, der Lasten übernimmt und mitträgt. Die Steinplatten haben zwei verschiedene Breiten beziehungsweise Tiefen von zwölf und 15 Zentimetern, damit sie sich mit dem dahinter einfließenden Beton gut *verzahnen und verbinden*. Das konstruktive System der Mauern entspricht *zwei weiteren Prinzipien*: An das Erdreich an der Bergseite grenzt eine tragende Betonwand, in den Gängen und Räumen der Therapie sind Steinschichten beiderseits mit dem bewehrten Beton dazwischen verbunden. Diese Bauweise hat ihre Vorbilder in Straßenbegrenzungen beziehungsweise *älteren Stützmauern von Bergstrassen*, sie wurde eigens für dieses Gebäude, für diesen Stein adaptiert. Bald hat sich die Bezeichnung *Valser Verbundmauerwerk* auch auf der Baustelle durchgesetzt.

Im *Steinschichtenplan* sind die Regeln festgelegt, nach denen die Maurer vorzugehen hatten, Peter Zumthor spricht von *Spielregeln des Strickens* und dementsprechend von *einem besonderen Fugenbild*, von *einer Art Steingewebe*: Die Eckverbände sind für beide Seiten vorgezeichnet, es gibt drei bis fünf Ecksteine von ganz bestimmten Breiten, Längen und Höhen, die in unregelmäßiger Abfolge verlegt sind, damit sie *auf den ersten Blick keine Regel und keine Wiederholungen im Wandmuster erkennen lassen*. Auf diese Weise ist das *ruhige*, das *natürliche Aussehen* des Mauerwerks gewährleistet. Innerhalb der Eckverbände, an den Wänden entlang haben die Arbeiter die Längen der Steinplatten selbst gewählt, Auflage war lediglich, sie *möglichst lange zu belassen*, und die Stoßfugen in jeder Reihe *um mindestens 30 cm gegeneinander zu versetzen*. Die Höhen der einzelnen Reihen sind mit dem Muster der Eckverbände vorgegeben, die Mörtelfugen und die Steinlagen gehorchen also einer vorgezeichneten Schichtenfolge, jede Linie behält ihre ganz bestimmte Höhenkote durch das gesamte Gebäude, über Gehflächen, Stufen, Steinbänke und Türöffnungen. Bestimmend dafür ist die Höhe einer Trittstufe von 15 Zentimetern, dementsprechend schreibt der *Steinschichtenplan* drei Plattenstärken von 63, 47 und 31 Millimetern vor, die in der Abfolge unregelmäßig variiert sind, dazwischen liegt jeweils eine Mörtelfuge von drei Millimetern. Der Übergang von den Treppenstufen zur Wand zeigt am deutlichsten das durchgehende Schichtungsprinzip, dem auch sämtliche technische Details wie Beckenüberläufe, Putzrinnen, Bewegungs- und Dilatationsfugen entsprechen. Dort, wo Wasser und Luft sich begegnen, sind die Steinschichten inzwischen mit einer Patina versehen.

Nicht mit großen Steinblöcken, sondern *mit einem kleinen Muster*, das sich wie eine *Matrix* durch das gesamte Gebäude zieht, wird also die *monolithische Wirkung* der Architektur erzielt. Die Vor-Bilder finden sich in der unmittelbaren Umgebung, ihre Interpretation ist wissenschaftlicher Natur: Die Schichtung von manchen Steinfelsen an den umliegenden Hängen berechnen die Geologen mit einem Alter von etwa 50 Millionen Jahren.

Peter Zumthor, Thermal Bath at Vals, London 1996. Peter Zumthor, Häuser 1979–1997, Basel–Boston–Berlin 1999. Peter Zumthor, Das Mauerwerk der Therme Vals, in: Hotel Therme Vals (Hg.), Stein und Wasser – Kultur Winter 2003/04, Vals 2003.

Von der griechischen Kultur auf italischem Boden nahmen die Römer vieles an Gebräuchen und Lebensart an, in diesem Sinne ist die Entwicklung der römischen Badeanlagen auch auf das griechische Vorbild zurückzuführen. Die Bäder der Griechen waren allerdings vor allem den Sportstätten angegliedert und Athleten vorbehalten, die Thermenanlagen der Römer hingegen dienten dem Volk zu Vergnügung und Kommunikation, die Konstruktionen wurden im Laufe der Jahrhunderte immer monumentaler, technische Einrichtungen raffinierter. Die Anweisungen, die **VITRUV** im zehnten Kapitel des fünften seiner *Zehn Bücher über Architektur* zum Bau von Badeanlagen gibt, liegen zeitlich in einer frühen Periode der römischen Thermalbäder und stimmen im wesentlichen mit den griechischen überein. Vitruv schrieb seine Bücher vermutlich in den Jahren zwischen 33 und 14 v. Chr., er war Architekt im militärischen Dienst, baute Belagerungsmaschinen, Brücken und Wasserleitungen. In diesem Sinne legte er für die Architektur die Prinzipien *firmitas*, *utilitas* und *venustas* fest, also *Festigkeit*, *Zweckmäßigkeit* und *Anmut*. Das Kapitel *Über die Anlage von Bädern* ist exemplarisch für diesen theoretischen Ansatz: Der Ort und die Lage sind ebenso wesentlich wie die Herstellung von Baumaterial, die Konstruktion der Hypokausten-Heizung und der Kuppeln. Die griechische Typologie zeigt sich schon in den Bezeichnungen, die fast durchwegs von der griechischen Sprache abgeleitet sind. Diese Begriffe sind in der Nachfolge von Vitruv nicht nur in die Geschichte der römischen Thermen eingegangen, sondern leben zum Teil in vielen europäischen Sprachen bis zum heutigen Tag fort. Vitruv erwähnt in seinem Idealbad das Laconicum und das Tepidarium, also das Schwitzbad und das Warmbad nach griechischem Muster. Das sogenannte Frigidarium, das Kaltbad, ordnet er den Bädern von Ringschulen zu. Dieses nimmt in der weiteren Entwicklung den zentralen und üppigsten Raum einer römischen Therme ein, auch baulich überragt es die übrigen Bereiche. Vitruvs Anleitungen sind wie Rezepte ohne genaue Angaben, aber mit einem grundlegenden, systematischen Ansatz. Insofern ist der Interpretationsspielraum groß, das haben aber erst wieder die Architekten der Renaissance erkannt – bis zur Mitte des 15. Jahrhunderts wurden keine weiteren Architekturtraktate geschrieben, oder es sind uns zumindest keine weiteren erhalten.

Vitruv (Curt Fensterbusch, Übers.), Zehn Bücher über Architektur, Darmstadt 1964. Marga Weber, Antike Badekultur, München 1996.

Die europaweite Entwicklung des Tourismus ab dem Ende des 19. Jahrhunderts hängt eng mit dem Ausbau der internationalen Verkehrsverbindungen zusammen. Das gilt auch für den Kurort Vals: Bereits 1880 war die Fahrstraße nach Ilanz fertiggestellt, bis 1903 die Eisenbahnstrecke weiter nach Chur ausgebaut. In diesem Zeitraum liegen die Gründung einer *Aktiengesellschaft Therme* sowie die Eröffnung eines Kurhauses mit Gästezimmern und Bad. Diese Bauten sind längst abgerissen und gehören der Geschichte an, die unmittelbare **VORGESCHICHTE** des heutigen Hotel- und Thermenbetriebes aber präsentiert sich nach wie vor am Eingang des Ortes in Form von teilweise *turmartigen Häusern* aus den 1960er und 1970er Jahren mit langen Balkonreihen und Flachdächern. Der Komplex bildete das erste sogenannte *Aparthotel* in Graubünden und bestand aus 345 Appartements, die an Privatpersonen verkauft wurden, das Hotel betrieb die Infrastruktur, also Küche und Thermalbad. Vals erlebte damit *einen beachtlichen Aufschwung*. Aber *aus gesundheitlichen Gründen* verkaufte der Besitzer 1970, noch im Jahr der Eröffnung, die *Aktien der Kurverwaltung*. Die Liegenschaft wurde auf Umwegen vier Jahre später Eigentum einer Schweizer Bank und ging 1983 in den Besitz der Gemeinde Vals über. Man gründete die *Hotel und Thermalbad Vals AG*, wählte einen Verwaltungsrat, arbeitete ein Sanierungsprojekt aus, führte Debatten und Polemiken, veranstaltete Gemeindeversammlungen. Letztlich wurde Peter Zumthor der Auftrag für den Bau eines neuen Thermalbades erteilt – aus baurechtlichen Gründen plante er eine unterirdische Anlage. Für sein Konzept gehört dieser bauliche Altbestand *zur Geschichte des Ortes*: *Durch eine besondere Art von Collage aus Alt und Neu* sollen *architektonische Energien entstehen, die nur der besondere Kontext erlaubt*. Der hohe Anspruch der Bauherrschaft ist Wirklichkeit geworden: *Wir wollten, dass die «Welt» uns besuchen kommt*. Das neue Bad wurde im Dezember 1996 eröffnet und bereits zwei Jahre danach unter Denkmalschutz gestellt.

Peter Schmid, Die Geschichte der Therme, in: Hotel Therme Vals (Hg.), Stein und Wasser – Kultur Sommer 2006, Vals 2006. Peter Zumthor, in: Hotel Therme Vals (Hg.), Informationen und Preise – 2004/05 ff, Vals 2004 ff.

Viele der ältesten christlichen Kirchen oder ihre Nachfolgebauten befinden sich direkt an oder über Quellen, die vormals keltischen Wasserkultstätten sind dabei integriert oder überbaut worden. So steht auch die Kathedrale von Chartres über einem unterirdischen Dolmen, einer keltischen Grabkammer, in dem eine heilige Quelle in einem tiefen Brunnen gefaßt war und die Reste eines Heiligtums gefunden wurden. Möglicherweise vollzogen die Druiden dort ihre Wassertaufe, möglicherweise war der heilige Hügel eine bedeutende Versammlungsstätte: *Einstmals war Chartres von einem Kranz von Riesensteinen, von Menhiren, Dolmen und anderen Steinkonstellationen umgeben, viele sind verschwunden, aber ihre Namen sind geblieben –* so der Chartres-Forscher Louis Charpentier. Mit der Christianisierung wurden kultische Handlungen an Quellen zunächst als Götzendienste verboten und bestraft, was aber keine nachhaltige Zustimmung bei den zu bekehrenden Gläubigen hervorrief, in der Folge wurden ab dem Ende des 6. Jahrhunderts Wasserkultstätten in heilige Quellen umgewandelt, die diversen Gnadenbrunnen, Kapellen und Kirchen sind meist weiblichen Heiligen geweiht worden, um dem Volk die Quellgöttinnen leichter ersetzen zu können. Ein ehemals bedeutendes Quellheiligtum wurde so zum beliebten Ziel einer **WALLFAHRT**, Namen wie *Unsere Liebe Frau* oder *Notre Dame* – wie zum Beispiel in Chartres – sollten nicht nur Christinnen den Weg in die Kirche öffnen. Ein bekanntes Bild aus der christlichen Ikonographie zeigt die Jungfrau Maria mit ihrem Fuß eine Schlange bezwingend. Es gibt dazu die entsprechenden christlichen Interpretationen, vielleicht wollte die Missionierung aber auch in diesem Zusammenhang vereinnahmen: Bereits in den ältesten Religionen wurde die Darstellung einer mütterlichen Erdgottheit verehrt, ihr zugesellt war eine Schlange, das Symbol für Erde, Wasser und sich erneuerndes Leben.

Mit den Wallfahrten haben die Menschen jedenfalls das Reisen gelernt, *wallen* heißt in seiner ursprünglichen Bedeutung *umherschweifen, von Ort zu Ort ziehen*, daraus wurde im 16. Jahrhundert *wallfahren*, also *eine Pilgerfahrt unternehmen*. Damit war der Tourismus auch für das gemeine Volk legitimiert. Heute finden Wallfahrten zu bestimmten Ereignissen wieder großen Anklang, von den Organisatoren werden diese als *seelische Wellness* propagiert.

Louis Charpentier, Die Geheimnisse der Kathedrale von Chartres, Köln 1972. Hans Egli, Das Schlangensymbol – Geschichte, Märchen, Mythos, Solothurn – Düsseldorf 1994. Barbara Hutzl-Ronge, Quellgöttinnen, Flußheilige, Meerfrauen – Mythen, Sagen und Sternzeichen zum Wasser, München 2002.

Es bedarf keiner Pumpe, um das Wasser aus der Quelle in das unter dem *Innenbad* befindliche *Frischwasserreservoir* zu leiten, sagt Fredy Schnyder – der Chef der Haustechnik und langjähriger Mitarbeiter bereits im Vorgänger-Bad – bei einer Führung ein Geschoß unter der Badeebene im Bereich von Bädertechnik und **WASSERAUFBEREITUNG**. Das Valser Mineralwasser wird derzeit aus zwei Fassungen gewonnen, beides sind *Bohrungen mit artesischem Überlauf*, die sich in der Nähe der Therme auf circa 1250 Meter Seehöhe befinden. Das Bad erhält sein Wasser aus der sogenannten *Neubohrung*, die bis zu 95 Meter in die Tiefe reicht. Sie stammt aus dem Jahr 1980 und ist *die ergiebigste Fassung mit einer mittleren Schüttung von rund 350 l/min. Sie besitzt die grösste Mineralisation (rund 1,9 g/l) und höchste Temperatur (30°C)* – schreibt Peter Hartmann. Die Hälfte dieses Wassers gelangt in das Abfüllwerk der Valser Mineralquellen AG am Eingang des Ortes, die andere Hälfte füllt rund um die Uhr das *Frischwasserreservoir* in der Therme. Aus diesem Vorrat wird während der *Umwälzung* ständig ein kleiner Teil des Wassers in den einzelnen Badebecken ersetzt: *Messingauslässe* auf Wadenhöhe lassen es einfließen, *Überlaufrinnen* am Beckenrand und an den obersten Stufen lassen es wieder abfließen und über *Ausgleichsbecken* zu den Filteranlagen führen. *Quellwarm* und direkt aus einer *Chromstahlleitung* plätschert das eisenhaltige Wasser im *Trinkstein* von hoch oben in die runde Brunnenöffnung am Boden, in Kopfhöhe rinnt es aus Messingrohren im Korridor an der bergseitigen Rückwand des Bades, in der sogenannten *Trinkhalle*, und bereitet den eintretenden Gästen fünfmal das gleiche Bild zu einem neuen Erlebnis: Das *rote Wasser* zeichnet seine ocker- und rostfarbenen Spuren wie eine geheimnisvolle Freskomalerei auf den Beton, auf dem Steinboden davor weicht jeweils ein feuchter bräunlicher Fleck im weiten Bogen der schmalen Fuge aus, in der das Wasser verschwindet. Durch die Verbindung mit dem Sauerstoff der Luft ist Eisenoxid entstanden, das rostrot ausfällt und sich ablagert, im vier Meter tiefen *Frischwasserreservoir* setzt es sich am Boden des Beckens ab. Auf diese natürliche Weise ist das Wasser aber noch nicht ausreichend enteisent, durch *Quarzsandfilter* wird ihm das restliche Eisen entzogen, ehe es in die einzelnen Becken geleitet wird. Auch im Abfüllwerk wird das Eisen ausgefällt, bevor es in die Flaschen gelangt: Was dort eine Maßnahme aus optischen Gründen darstellt, ist hier – in der Therme – nicht nur eine solche, die abgelagerte rostrote Schicht würde vor allem den Boden und alle anderen Oberflächen glitschig machen, aufgrund dieser Rutschgefahr gab es bereits Filter beim alten Bad in früheren Zeiten. Zweimal pro Woche wird der Filtersand mit einem Gemisch aus Luft und Wasser gereinigt.

Für die bakteriologische Reinigung wird dem fließenden Wasser Ozon beigegeben, das geschieht in zwei Stufen, vor und nach der Filtrierung. Ozon ist das teurere Mittel zur Wasseraufbereitung und Desinfektion, das ist aber auch sein einziger Nachteil. Es ist ein *aus drei Sauerstoffatomen bestehendes, instabiles Molekül, bei gewöhnlichen Temperaturen gasförmig und deutlich blau gefärbt.* In belastetem Wasser spaltet es sich auf: Eines der Sauerstoffatome oxidiert nicht nur die Metalle, sondern auch Bakterien, Viren und organische Schmutzteile und zerstört sie auf diese Weise. Zugleich entwickeln sich die beiden anderen Sauerstoffatome zu einem normalen Sauerstoffmolekül, der Sauerstoff als Ausfallprodukt bereichert das Wasser und die umgebende Luft. *Maximal 0,02 mg/l Ozon* im Wasser sind zugelassen, die diensthabende Badeaufsicht hat diesbezüglich den Ozongehalt in allen Becken ständig zu überprüfen: Ein Becher voll Wasser genügt, im Raum der *Betreuung* liegt das entsprechende Meßgerät bereit. Im Bereich der Zuläufe ist das Gas an winzigen Blasen im Wasser erkennbar. Ozon ist weitgehend geruchlos – auch das ist einer seiner Vorteile im Gegensatz zu Chlor.

Dem zu entsorgenden Wasser im *Abwasserreservoir* unter dem *Aussenbad* wird die für das Heizungssystem wertvolle Wärme entzogen, bevor es über Filter gereinigt in den nahen Fluß abrinnt. Am Ende jeder Saison werden alle Bäder entleert, dann dürfen Raum und Stein zu sich kommen, eine Zeitlang frische Luft atmen und neue Energien speichern.

Peter Hartmann, Die Entstehung des Valser Mineralwassers, Dissertation ETH, Zürich 1998 (ein Teil dieses Werkes ist als Broschüre im Besucherzentrum der Valser Mineralquellen AG erhältlich). Rainer Weitschies, Der Thermalwasserkreislauf, in: Hotel Therme Vals (Hg.), Informationen und Preise – Winter 01/02 ff, Vals 2001 ff. Peter Schmid, Die Heilquelle, in: Hotel Therme Vals (Hg.), Stein und Wasser – Kultur Sommer 2003, Vals 2003.

Schlangensymbole und Schlangenkulte stehen in allen Religionen und Mythen, in denen sie sich finden, in einem engen Bezug zu Wasser. Schlangen sind die Schutzgeister der Quellen und damit des Lebens, der Heiligkeit, der Fruchtbarkeit und der Unsterblichkeit. Auch die keltischen Druiden hielten an ihren heiligen und heilenden Quellen Schlangen als Hüterinnen, insofern waren diese in der keltischen Religion die Symbole und Attribute der entsprechenden Gottheiten, so von Cernunnos, dem Hirschgott. Die meisten Quellen waren in Obhut von weiblichen Gottheiten, zum Beispiel von *Sirona – Göttin der Quellen, der Fruchtbarkeit und der Heilung*. Auch sie ist mit einer Schlange dargestellt. Die Kelten sprachen der Schlange große Weisheit und große Fähigkeiten zu: Sie war *der Erde gleichermaßen wie dem Wasser* zugeteilt, sie wußte, was *unter der Erde* vor sich ging, sie bewegte sich *in Windungen wie die unterirdischen Erdströme*, wie die Quellwässer durch das Erdreich, wo diese entsprangen, da hielt sie sich mit Vorliebe auf. Eine keltische **WASSERKULTSTÄTTE** war vermutlich meistens eine Thermalquelle, diente zur Heilung und Reinigung und im Zusammenhang damit auch verschiedenen Zeremonien zu Ehren der Quell- und Wassergeister. Allein der Ort galt als heilig, Tempel oder größere Bauten wurden nicht errichtet, wohl aber Steinkonstellationen, Menhire oder Dolmen. Die Druiden waren *Priester, Philosophen, Rechtsgelehrte, Dichter, Musiker, Seher, Astronomen, Magier und Ärzte*. Sie wußten Bescheid über die heilende Wirkung verschiedener Quellen und nutzten sie für medizinische Zwecke. Sie entdeckten Thermalquellen und betrieben Thermalbäder – davon profitierten die Römer in hohem Maße: Unter vielen römischen Heilbäderruinen im gallischen Raum sind die Spuren keltischer Anlagen gefunden worden. Die Druiden haben ihr umfangreiches Wissen nicht schriftlich überliefert, sondern mündlich weitergegeben, was von ihnen bekannt ist, haben römische Geschichtsschreiber berichtet und Archäologen erforscht. Manche Orte scheinen von besonderer Bedeutung gewesen zu sein, das waren Brunnen, wo die Wassertaufe als gemeinsames Einweihungsritual vollzogen wurde, oder Versammlungsstätten religiöser und politischer Art. Um dorthin zu kommen, machten sich die Druiden auf die Reise, die Quellen und Thermen waren Stationen auf ihrem Weg, es war eine Pilgerschaft nicht im Sinne von Buße oder Fürbitten, sondern im Sinne von geistiger und körperlicher Erweckung durch die Kraft des Ortes. Die anstrengende Pilgerschaft war also zugleich eine Art Kur, und so betrachtet waren die Druiden die ersten Thermentouristen.

Barbara Hutzl-Ronge, Quellgöttinnen, Flußheilige, Meerfrauen – Mythen, Sagen und Sternzeichen zum Wasser, München 2002. Peter Berresford Ellis, Die Druiden – Von der Weisheit der Kelten, Kreuzlingen 1994. Jean Markale, Die Druiden – Gesellschaft und Götter der Kelten, Darmstadt 2005.

Noch im 20. Jahrhundert pilgerten alljährlich die Bewohner aus den Talgemeinden zur Wallfahrtskapelle Maria Camp bei Vals. Sie wurde am Ende des 17. Jahrhunderts an Stelle einer kleineren Kapelle gebaut und besitzt eine Kopie der berühmten Ikone der Maria von Pócs mit ihrem Kind, die am ungarischen Entstehungsort dreimal auf wundersame Weise geweint haben soll und daraufhin – gegen den Willen und *unter großem Wehklagen* der Gläubigen von Pócs – vom österreichischen Kaiserhaus nach Wien in den Stephansdom transportiert worden ist. Viele Kopien davon sind im ungarischen und deutschsprachigen Raum verstreut, geweint habe die Mutter auf dem Originalbild in Wien nicht mehr, das Valser Kind aber lächelt. Der **ZUGANG** durch das Tal erfolgt an mehreren Kapellen vorbei, jede von ihnen ist auf ganz besondere Weise mit ihrem Platz verbunden, begleitet die Straße oder steht abseits am Verlauf des alten Saumweges, markiert Schluchten, Kehren oder eine ehemalige Talsperre kurz vor dem Wallfahrtsort Camp.

Die Kapellen sind die Stationen auf dem langen Weg, der Zugang ins Gebäude führt über einen verborgenen Eingang, das Geheimnis eröffnet sich drinnen, der Text findet über verschiedene Themen Zugang zur Architektur und zu ihrer Theorie, Stichworte führen die Themen durch den Text, die Darstellung der Methode ist das Alphabet beziehungsweise seine Struktur, die Bedeutung der Begriffe ist nicht immer übersetzbar und selten eindeutig, ihre Inhalte führen zuweilen in andere Bedeutungen und andere Themen, zum Beispiel: *Rund zwanzig Prozent aller Menschen haben keinen Zugang zu sauberem Wasser.*

István Ivancsó, Das Gnadenbild von Máriapócs, Passau 1997. Peter Schmid, Kirchen und Kapellen im Valsertal, in: Kur- und Verkehrsverein Vals (Hg.), Tschifera – Sommer 2004, Vals 2004. UNESCO, Water for People, Water for Life, Barcelona 2003.

REALITÄT Im Mai 1994 wurde das alte Aussenschwimmbad des Hotels, das sogenannte Wellenbad aus den sechziger Jahren, abgebrochen. Der Neubau begann. Am 14. Dezember 1996 wurde er eingeweiht. Er kostete, nachdem man im Verlaufe der Planungsarbeiten das Angebot für den Badegast noch etwas erweitert hatte, 26 Millionen Schweizer Franken. Mit 24,5 Millionen hatte man ursprünglich gerechnet. Ihrer Aufgabe, dem Hotel Therme und dem Dorf neue Gäste zu bringen, wurde die neue Valser Therme von Anfang an gerecht. Zehn Jahre nach der Eröffnung der Badeanlagen haben sich die Logiernächte im angegliederten Hotel Therme und in den Beherbergungsbetrieben des Dorfes im Durchschnitt um 45 Prozent erhöht. Das Bad selber, ausgelegt für ungefähr 140 Personen, die sich gleichzeitig und ohne zeitliche Beschränkung darin aufhalten können, verzeichnet über 140'000 Eintritte pro Jahr. Die Gäste des Bades sind jung und alt, sie kommen von überall her. Viele kommen wieder. Sie lieben die Schönheit und die ruhige Ausstrahlung des Bades, sagen sie. Für viele hat die Atmosphäre etwas Meditatives, Mystisches; andere sprechen von Sinnlichkeit. Das Bad hat seine Gäste gefunden.

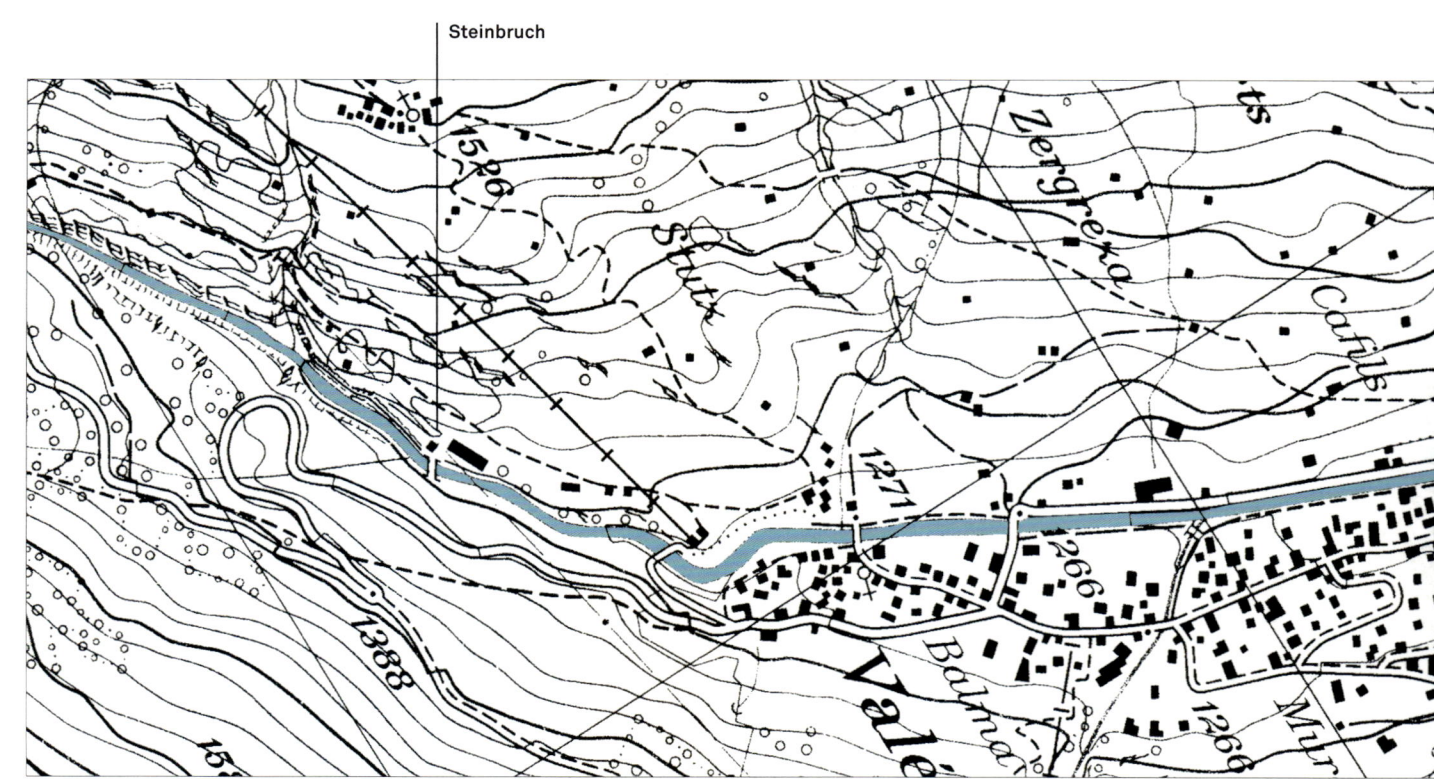

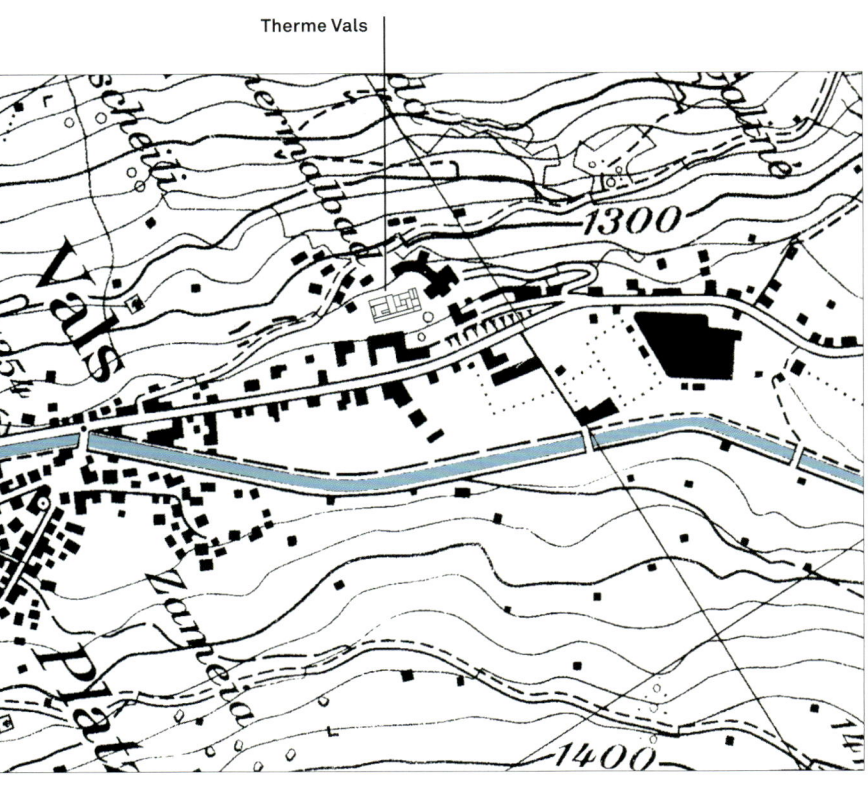

Therme Vals

Die Therme Vals war nie gedacht als Marketingprodukt, das mit einem bekannten Namen oder einer extravaganten Form als grosses Zeichen in der Landschaft auf sich aufmerksam machen will. Architekturtourismus war kein Thema. Im Zentrum stand von Anfang an die Qualität des Angebotes: das Baden als Erlebnis und Ritual. Für die Begegnung des menschlichen Körpers mit dem Wasser der Quelle, das wenige Meter oberhalb des Bades aus dem Berg tritt, wollten wir einen Ort der Ruhe und Entspannung schaffen: Stark, in sich selber ruhend und im Tal verankert. Es macht Freude, zu sehen, dass das aus diesen Ideen entstandene Gebäude nun auch so erlebt wird, wie es erdacht wurde, und Freude bereitet. Man betritt das Bad und taucht ab in eine andere Welt, sagen viele. Das Bad ist voller Bilder, löst Bilder aus.

Wir Architekten haben die Therme Vals radikal denken können, weil uns die Valser sie radikal denken liessen. Sie wollten ein besonderes Bad, das zu ihnen passt, und haben uns selbstbewusst wissen lassen, sie und ihr Dorf seien auch etwas Besonderes. Und seit dem Bau des Zervreilastaudammes, der im Winter 1957 in Betrieb genommen wurde und seither der Gemeinde jedes Jahr Wasserzinseinnahmen bringt, die zum Zeitpunkt des Neubaus eine Höhe von 840'000 Schweizer Franken erreicht hatten, kann man sich dieses Besonderssein auch etwas kosten lassen. Angeführt von Pius Truffer, Unternehmer, Sportler und Präsident der gemeindeeigenen Hotel und Thermalbad AG, und seinem Freund Peter Schmid, Publizist und Schafhirt, hat eine Gruppe von jungen Männern aus dem Dorf ihre Mitbürgerinnen und Mitbürger, die das Projekt und den Neubau an verschiedenen Gemeindeversammlungen zu genehmigen hatten, davon überzeugt, etwas Besonderes zu wagen. Diese Gruppe hat die notwendige politische Arbeit geleistet, wichtige Leute im Dorf informiert und einbezogen. Selbstverständlich hat sich die Mehrheit der Valser Bürgerinnen und Bürger nicht für eine bestimmte architektonische Handschrift oder Philosophie des Badens entschieden, sondern für ein Vorgehen, einen Weg. Man wollte etwas Besonderes. Den Männern aus dem Dorf, die den Architekten ausgewählt und mit diesem über Jahre ein besonderes Bad entwickelt hatten, traute man ein gutes Urteil zu. Aber da war noch etwas Konkretes, das wohl letztlich den Ausschlag gab: Das Bad sollte aus Valser Stein gebaut werden.

Bibliographie und Filmographie Therme Vals

Noseda, Irma: ****Hotel Therme in Vals. Architekt: Peter Zumthor. Vorprojekt für den Neubau eines Hotels mit einem Thermalbad, in: archithese 16, 1986, Nr. 6, S. 29–32.

Zumthor, Peter: Thermal bath at Vals, Architectural Association: Exemplary projects 1, London: Architectural Association, 1996.

Tschanz, Martin: Das Thermalbad in Vals, in: archithese 26, 1996, Nr. 5, S. 34–35.

Tschanz, Martin: Das spezifische Gewicht der Architektur. «... begeistert vom Körper». Ein Gespräch mit Peter Zumthor, in: archithese 26, 1996, Nr. 5, S. 28–33.

Sack, Manfred: Wasser, Stein und Licht, in: Die Zeit, 3.1.1997, Nr. 2, S. 36.

Adam, Hubertus: Fliessendes Wasser, geschichteter Stein. Die Felsentherme in Vals, in: Bauwelt 88, 1997, Nr. 14, S. 738–745.

Luchsinger, Christoph: Täuschend echt/Illusion réelle/Deceptively real. Thermalbad in Vals von Peter Zumthor, in: Werk, Bauen + Wohnen, 1997, Nr. 7/8, S. 4–11.

Le terme di Vals, in: Casabella 61, 1997, Nr. 648, S. 56–75.

Ingersoll, Richard: Light boxes, in: architecture, 1997, october, S. 90–101.

Steiner, Dietmar: Peter Zumthor. Bagni termali, Vals, Svizzera/Thermal bath, Vals, Switzerland, in: domus, 1997, Nr. 798, S. 27–35.

Kübler, Christof: Therme Vals: zurück in die Steinzeit? Peter Zumthors «Elementarismus» als Kontrapunkt zur virtuellen Welt, in: Kunst+ Architektur in der Schweiz 49, 1998, Nr. 1, S. 53–59.

Peter Zumthor, Häuser 1979–1997, Baden: Lars Müller, 1998.

Irace, Fulvio: La grande pietra/The great stone, in: Pavan, Vincenzo (Hg.): Spazio pietra architettura/Space stone architecture. Premio internazionale architetture di pietra 99, Veronafiere. Mostra internazionale di marmi, pietre e tecnologie, Faenza: Litografica Faenza, 1999, S. 120–143.

Lithiques. Thermes et bains de Vals, Suisse, in: Techniques & Architecture 442, avril 1999, S. 84–89.

Mandal Hansen, Peter: Erindringer, Billeder, Associationer. Termalt Bad, 1996, in: Arkitekten magasin 102, 2000, Januar, S. 3–9.

Takigawa, Kaori: A space of stone containing a thermal bath. Felsen Therme in Switzerland. Designed by Peter Zumthor, in: Comfort Interior Magazine, 2000, Juni, Nr. 42, S. 13–31 [japan.].

Peter Zumthor. Therme Vals, Graubünden Schweiz, in: Mayr Fingerle, Christoph (Hg.): Neues Bauen in den Alpen/Architettura contemporanea alpina. Architekturpreis/Premio d'architettura 1999, Basel/Boston/ Berlin: Birkhäuser, 2000, S. 30–45.

Peter Zumthor, in: A matter of art. Contemporary architecture in Switzerland, Basel/Boston/Berlin: Birkhäuser, 2001, S. 40–43.

Minimal moralia. Reflections on recent Swiss German production, in: Kenneth Frampton: Labour, work and architecture. Collected essays on architecture and design, New York: Phaidon Press, 2002, S. 325–331.

Weitschies, Rainer: Der Thermalwasserkreislauf, in: Hotel Therme Vals (Hg.): Hotel Therme Vals. Informationen und Preise, 2002/2003, S. 7.

Zumthor, Peter: Material und Präsenz – Zur Architektur des Bades, Teil 2, in: Hotel Therme Vals (Hg.): Hotel Therme Vals. Informationen und Preise, 2002/2003, S. 4–5.

Zumthor, Peter: Das Mauerwerk der Therme Vals, in: Hotel Therme Vals (Hg.): Stein und Wasser. Hotel Therme. Kultur, Winter 2003/2004, S. 34–36.

Zumthor, Peter: Das Hotel Therme Vals ist eine gewachsene Anlage ..., in: Hotel Therme Vals (Hg.): Hotel Therme Vals. Informationen und Preise, 2004/2005.

Vals thermal bath, Vals, Graubünden, Switzerland, 1990–1996, in: World architecture, 2005, Nr. 175, S. 62–71 [chines. und engl.].

Schaub, Christoph: Ort, Funktion und Form. Die Architektur von Gion Caminada und Peter Zumthor/Lieu, funcziun e furma. L'architectura da Gion Caminada e Peter Zumthor. Televisiun Rumantscha, 1996. Kamera Matthias Kälin, Ton Marti Witz. Dokumentarfilm, Video, 24 Min. [roman. und deutsch].

Böhm, Ursula: Peter Zumthor. Der Eigensinn des Schönen, SWR, 31.10.2000, Video, 59 Min.

Copans, Richard: Les thermes de pierre, Arte France + Centre Pompidou, 2001, Video, 26 Min.

Copans, Richard/Neumann, Stan: Architectures 2, les thermes de pierre [u.A.], Arte France, 2001, DVD, 160 Min.

Biographien

Hélène Binet

Geboren 1959 in Sorengo (Tessin), Studium der Fotografie in Rom. Freischaffende Architektur-Fotografin in London, Zusammenarbeit mit namhaften Architekten wie Daniel Libeskind, Zaha Hadid oder Peter Zumthor. Verschiedene Einzel- und Gruppenausstellungen.

Projekte und Veröffentlichungen: *Dimitris Pikionis 1887–1968: A Sentimental Topography*, Architectural Association 1989; *John Hejduk from A+U*, Yoshio Yoshida 1991; *A Passage through Silence and Light, Daniel Libeskind*, Black Dog Publishing 1997; *Peter Zumthor Häuser 1979–1997*, Lars Müller, Baden 1998; *Alvar Aalto's North Jutland Art Museum*, Aalborg Museum, Aalborg 2000; *Architecture of Zaha Hadid in Photographs by Hélène Binet*, Lars Müller, Baden 2000; *Cornerstone: 7 Projects*, Shine Gallery, London/Guiding Light, London 2002; *Wiel Arets*, Ediciones Poligrafica, Barcelona 2002; *Paysages en Poésie*, Infolio éditions, Gollion 2004; *Holocaust Memorial Berlin*, Lars Müller, Baden 2005.

Sigrid Hauser

Geboren 1954 in Meran, Studium der Architektur, Diplom, Dissertation und Habilitation an der Technischen Universität Wien. Seit 1996 Professorin für Architekturtheorie an der Technischen Universität Wien. Josef-Frank-Stipendium 1991.

Zahlreiche Publikationen zu Architektur und Kunst, u.a.: *Idee, Skizze, ... Foto – Zu Werk und Arbeitsweise Lois Welzenbachers*, Löcker, Wien 1990; *Sprache – z.B. Architektur*, Löcker, Wien 1998; «Annähernde Entfernung/ Approaching Distance», in: *Walter Niedermayr, Reservate des Augenblicks/Momentary Resorts*, Cantz, Ostfildern-Ruit 1998; «Die Stadt zwischen Erinnerung und Gedächtnis», in: Peter Mörtenböck (Hg.), *Körper – Räume – Medien*, Böhlau, Wien 2003; «Bilder mit Folgen/Images with Sequels», in: Marion Piffer Damiani (Hg.), *Josef Rainer*, Folio, Wien – Bozen 2004; «Doppelt übersetzt», in: Zsuzsanna Gahse, Johann P. Tammen (Hg.), *Im übersetzten Sinn/Vom literarischen Übersetzen* [= *Die Horen. Zeitschrift für Literatur, Kunst und Kritik* 218, 50. Jg., Bd. 2/2005], Bremerhaven 2005; «Tone, Glasuren, Blendwerke», in: *Gerold Tusch, in den geschickten Polsterungen der Sinne*, Bibliothek der Provinz, Weitra 2006.

Peter Zumthor

Geboren 1943 in Basel, Ausbildung als Möbelschreiner, Gestalter und Architekt an der Kunstgewerbeschule Basel und am Pratt Institute, New York. Seit 1979 eigenes Architekturbüro in Haldenstein, Schweiz.

Wichtigste Bauten: *Schutzbauten für Ausgrabung mit römischen Funden*, Chur 1986; *Caplutta Sogn Benedetg*, Sumvitg, Graubünden 1988; *Wohnungen für Betagte*, Chur-Masans 1993; *Wohnhaus Truog, Gugalun*, Versam, Graubünden 1994; *Wohnsiedlung Spittelhof, Biel-Benken*, Baselland 1996; *Therme Vals*, 1996; *Kunsthaus Bregenz*, 1997; *Schweizer Pavillon Expo 2000*, Hannover; *Dokumentationszentrum Topographie des Terrors*, Berlin, Bauteile von 1997 vom Land Berlin 2004 abgebrochen; *Atelier und Wohnhaus Zumthor*, Haldenstein 1986/2005; *Kunstmuseum Kolumba*, Köln 2007; *Feldkapelle für den Heiligen Bruder Klaus*, Wachendorf, Eifel 2007.

Therme Vals

Eigentümer: **Gemeinde Vals, Hotel und Thermalbad AG**
Architekt: Architekturbüro **Peter Zumthor**, Haldenstein, mit den Mitarbeitern **Marc Loeliger**, **Thomas Durisch** und **Rainer Weitschies**, Ingenieure: Ingenieurgemeinschaft **Jürg Buchli** und **Casanova + Blumenthal**, Statik; **Franz Bärtsch**, Bauleitung; **Ferdinand Stadlin**, Bauphysik; **Meierhans + Partner**, Heizungs-, Lüftungs- und Klimaplanung; **Schneider Aquatec AG**, Wärmeerzeugung, Sanitär- und Bädertechnik
Klanginstallation: **Fritz Hauser**

Abbildungsnachweis

Alle Fotografien © **Hélène Binet**, London (Herbst 2005/Sommer 2006), ausser den nachfolgenden Abbildungen:
Seite 22–24 unten, 26/27, 36–47, 62–71, 78–113, 136–140, 143 **Atelier Zumthor**, Haldenstein; Seite 24 oben, 72, 142 rechts, 179, 180 **Sigrid Hauser**, Wien; Seite 25 oben © **Christian Kerez**, Zürich; Seite 25 unten, 181 **Foto Geiger**, Flims; Seite 70 oben © **Gerhard P. Müller**, Dortmund; Seite 178/179 Landeskarte 1:25'000, Vals 1234, reproduziert mit Bewilligung von **swisstopo** (BA068121)

Impressum

Konzeption: **Peter Zumthor**, **Jean Robert**
Gestaltung: **Robert & Durrer**, Zürich
Lektorat Text Sigrid Hauser: **Claudia Mazanek**, Wien

Peter Zumthor dankt **Jürg Düblin** für das Durchsehen seines Textes und **Anna Katharina**, seiner Tochter, für ihre Mitarbeit beim Auswählen und Ordnen des Arbeitsmaterials.

Lithos: **Egli.Kunz & Partner Polygrafie AG**, Glattbrugg
Druck und Bindung: **DZA Druckerei zu Altenburg GmbH,** Thüringen

Papier: GardaPat 13 Kiara 150 g/m^2
Schriften: Akkurat, Candida, News Gothic

Die Texte wurden unverändert in der jeweils von den Autoren angewendeten Rechtschreibung übernommen.

Die englische Ausgabe erschien im Verlag Scheidegger & Spiess
ISBN 978-3-85881-704-4

2. Auflage 2019
© 2007 Verlag Scheidegger & Spiess AG, Zürich
ISBN 978-3-85881-181-3
www.scheidegger-spiess.ch